[美] Vijay Srinivas Agneeswaran 著

吴京润 黄经业 译

并发编程网（ifeve.com）组织翻译

颠覆大数据分析

基于Storm、Spark等Hadoop替代技术的实时应用

电子工业出版社

Publishing House of Electronics Industry

北京·BEIJING

内 容 简 介

本书每章一个主题，介绍了各种大数据分析技术与机器学习算法。本书能够让读者掌握大数据分析和机器学习的相关技术的大致脉络，为之后的进阶学习提供参考与指导。

本书适合大数据技术入门者、希望对大数据技术有所了解，以及想要学习大数据技术但是不知道应该从何处入手的读者阅读。

Authorized translation from the English language edition, entitled Big Data Analytics Beyond Hadoop: Real-Time Applications with Storm, Spark, and More Hadoop Alternatives, 9780133837940 by Vijay Srinivas Agneeswaran, published by PEARSON EDUCATION, INC., publishing as FT Press, Copyright © 2014 Pearson Education, Inc.

All rights reserved. No part of this book may be reproduced or transmitted in any form or by any means, electronic or mechanical, including photocopying, recording or by any information storage retrieval system, without permission from Pearson Education, Inc.

CHINESE SIMPLIFIED language edition published by PEARSON EDUCATION ASIA LTD., and PUBLISHING HOUSE OF ELECTRONICS INDUSTRY Copyright © 2015.

本书简体中文版专有出版权由 Pearson Education 培生教育出版亚洲有限公司授予电子工业出版社。未经出版者预先书面许可，不得以任何方式复制或抄袭本书的任何部分。

本书简体中文版贴有 Pearson Education 培生教育出版集团激光防伪标签，无标签者不得销售。

版权贸易合同登记号 图字：01-2014-8177

图书在版编目（CIP）数据

颠覆大数据分析：基于 Storm、Spark 等 Hadoop 替代技术的实时应用/（美）阿涅斯瓦兰（Agneeswaran,V.）著；吴京润，黄经业译.—北京：电子工业出版社，2015.5

书名原文：Big data analytics beyond hadoop: real-time applications with Storm,Spark,and more Hadoop alternatives

ISBN 978-7-121-25224-2

Ⅰ. ①颠… Ⅱ. ①阿… ②吴… ③黄… Ⅲ. ①数据处理软件 Ⅳ. ①TP274

中国版本图书馆 CIP 数据核字（2014）第 302686 号

策划编辑：张春雨
责任编辑：刘　舫
印　　刷：北京中新伟业印刷有限公司
装　　订：北京中新伟业印刷有限公司
出版发行：电子工业出版社
　　　　　北京市海淀区万寿路 173 信箱　　　邮编：100036
开　本：880×1230　1/32　印张：7.375　字数：189 千字
版　次：2015 年 5 月第 1 版
印　次：2015 年 9 月第 2 次印刷
定　价：49.00 元

译 者 序

2014 年的时候，因为要查找技术资料，我知道了并发编程网（www.ifeve.com，下文简称并发网），后来又加入了它的技术交流群。当时我刚好在学习 Storm，由于相关资料太少，不得己买了一本英文版的 *Getting Started With Storm*，很痛苦地研读。那时我想，既然不得不把英文书读一遍，为什么不把它翻译成中文呢，刚好并发网在招募翻译，要引进国外优秀的技术文章，我主动询问能不能把我翻译的内容发到并发网上。从此之后，便开始了我的技术文章翻译之路，利用业余时间完成了 *Getting Started With Storm* 的翻译工作。后来，方腾飞又提供了这一本 *Big Data Analytics Beyond Hadoop：Real-Time Applications with Storm, Spark, and More Hadoop Alternatives*，与支付宝公司的黄经业合作完成了这本书的翻译工作。

本书概述了各种大数据技术在不同领域的应用，可以为想要了解大数据技术的朋友提供必要的指引和概览。在读完本书之后再决定要继续深入学习哪些内容将会事半功倍。

本书的翻译也是互联网上本来互不相识的几人共同促成与努力的结果，又因为本书使我们几人相识。本书译本绝对是互联网精神的绝佳诠释。

感谢方腾飞和郭蕾提供了并发网这样一个技术交流平台。感谢黄经业与我一起完成本书的翻译工作。感谢刘舫对本书的审阅与指正。谢谢大家！

虽然这是本人的第二本译作，但经验与水平实在有限，书中很多专业术语和数学概念对于本人来说实在晦涩艰深，译文不妥之处还请读者海涵，并予以斧正。最后希望本书能为需要了解与学习大数据技术的朋友提供帮助。

吴京润

于 2015.1.14 零点

目　　录

前　言

　　我试图给人们学习大数据留下一点深刻的印象：尽管 Apache Hadoop 很有用，而且是一项非常成功的技术，但是这一观点的前提已经有些过时了。考虑这样一条时间线：由谷歌实现的 Map-Reduce 投入使用的时间可追溯到 2002 年，发布于 2004 年。Yahoo!于 2006 年发起 Hadoop 项目。MR 是基于十年前的数据中心的经济上的考虑。从那时起，已经有太多的东西发生了变化：多核处理器、大内存地址空间、10G 网络带宽、SSD 等，至今，这已经产生了足够的成本效益。这些极大地改变了在构建可容错分布式商用系统规模方面的取舍。

　　此外，我们对于可处理数据规模的观念也发生了变化。成功的公司，诸如亚马逊、eBay、谷歌，他们想要更上一层楼，也促使随后的商业领袖重新思考：数据可以用来做什么？举个例子，十年前是否有为大型图书出版商优化业务的大规模图论用例？不见得有。出版社高层不可能有耐心听取这样一个古怪的工程建议。这本书本身的营销将基于大规模数据、开源、图论引擎，这些也将在本书后续章节讲到。同样的，广告科技和社交网络应用驱动着开发技术，对于如今工业化的因特网，采用 Hadoop 将显得捉襟见肘，也就是所谓的"物联网"——在某些情况下，会有几个数量级的差距。

自从 MR 的商用硬件规模首次制定以来，底层系统的模型已发生了巨大变化。我们的商业需求与期望模型也发生了显著的变化。此外，应用数学的数据规模与十年前的构想也有巨大的差异。如今主流编程语言也能为并行处理的软件工程实践提供更好的支持。

Agneeswaran 博士认为，这些视图以及对它们的更多关注和系统方法，呈现了如今大数据环境的全景视图，甚至还有超越。本书引领我们看到了过去十年是如何通过 Map-Reduce 做批处理数据分析的。这些章节介绍了理解它们的关键历史背景，并为应用这些技术提供了清晰的商业用例的至关重要的方面。这些论据为每个用例提供了分析，并指出为什么 Hadoop 不是很适合应用于此——通过对例证的彻底研究、对可用开源技术的出色调查，以及对非开源项目的出版文献的回顾。

本书研究了在如今的商业需求中除 Hadoop 以外的最佳实践以及数据访问方式的可用技术：迭代、流式处理、图论，以及其他技术。比如，一些企业的收入损失计算可精确到毫秒级，以至于"批处理窗口"这样的概念变得毫无意义。实时分析是唯一可以想到的可行方案。开源框架，诸如 Apache Spark、Storm、Titan、GraphLab，还有 Apache Mesos，可以满足这些需求。Agneeswaran 博士引导读者们了解这些框架的架构和计算模型、研究通用设计模式。他在书中提到了业务范围的影响以及实现细节，还有代码样例。

伴随着这些框架，本书也为开放标准预测模型标记语言提出了一个引人入胜的例子，使得预测模型可以在不同平台与环境之间迁移。本书还提到 YARN 以及下一代超越 Map-Reduce 的模型。

这正是当今业界的焦点——Hadoop 基于 2002 年以来的 IT 经济，然而更新的框架与当代业界的用例更为密切。本书为你进入大数据分析领域提供了专家指导，并热烈欢迎来到大数据分析的世界。

Paco Nathan

Enterprise Data Workflows with Cascading 一书的作者

Zettacap 的顾问，Amplify 的合作伙伴

致　谢

　　首先，我要衷心感谢 Impetus 的助理副总裁兼创新实验室的主管 Vineet Tyagi。Vineet 对我的帮助很大，并让我得以写作此书。这六七个月以来，他每天给我的工作时间里留出 3 个小时来进行写作，这是本书得以完稿的关键。任何学术活动都要专注与坚持——如果我只能在工作之余写作的话，想必是难上加难。Vineet 使得写作本书成为我工作的一部分。

　　同时，我也想感谢 Impetus 的 CTO 及高级副总裁 Pankaj Mittal，感谢他对研发的全力支持，让我能够全职参与研发工作。Impetus 能够有这样一支没有赢利压力的研发团队，Pankaj 功不可没。这极大地减轻了我的负担并使我得以专注于研发工作。在 IT 行业，工作之余进行写作是一项艰巨的任务。感谢 Pankaj 让这一切成为了可能。

　　Praveen Kankariya 是 Impetus 的 CEO，他一直激励并引导着我。感谢 Praveen 的大力支持！

我还要感谢 Impetus 的助理副总裁，数据科学实践小组的主管 Nitin Agarwal 博士。我的一些思想的成形离不开他的帮助，尤其是在我们讨论完机器学习算法的实现之后。他是我非常敬佩的人，也激励着我在生活中不断地追求卓越。Nitin 之前还担任过印度管理学院（IIM）印多尔分院的教授，我一向对学者都非常敬重，从这也可见一斑。

本书的完成也离不开 Pranay Tonpay 的帮助，他是 Impetus 的资深架构师，在我的研发团队里负责实时分析流。他一直在帮助实现本书中的一些想法，包括在 Spark 和 Storm 上的一些机器学习算法。他是我的得力助手，这里要特别感谢他。

Jayati Tiwari 是 Impetus 的资深软件工程师，Spark 及 Storm 上的部分机器学习算法便是她完成的。她对 Storm 了如指掌——事实上，她被公认是公司里面的 Storm 专家。同时她对机器学习和 Spark 也产生了浓厚的兴趣。很高兴能与她一起共事。谢谢你，Jayati！

Sai Sagar 是 Impetus 的软件工程师，他帮助实现了 GraphLab 上的一些机器学习算法。感谢 Sagar，很高兴团队中有你存在！

Ankit Sharma，Impetus 的前数据科学家，现担任 Snapdeal 的研究工程师，"逻辑回归"部分中的一节出自他的笔下，就是本书第 3 章中介绍逻辑回归基础的那部分。我们也曾多次就机器学习进行切磋探讨，这里一并感谢，Ankit！

我还要感谢编辑 Jeanne Levine、Lori Lyons 以及 Pearson 出版社的其他工作人员，他们一直以来的努力让这本书从最初交付的草稿到现在最终的定稿。同时还要感谢 Pearson 出版社，是他让这本书得以面世。

我要感谢我们的技术作家 Gurvinder Arora，是他对本书的各个章节进行了审阅。

我还想借此机会感谢我在印度理工学院（IIT）马德拉斯分校的博士导师，D. Janakiram 教授，在我成长的岁月里，是他鼓励我走上了研究的道路。他对我帮助良多——我的技术性思维、价值观都受他启发，在我的职业生涯中他也一直激励和鼓舞着我。其实，这本书的写作最初是受他最近在 Tata McGraw-Hill 出版的新书 *Building Large Scale Software Systems* 的影响。不仅是 DJ 教授，我还要感谢从 Sankara 高中一直到在 Sri Venkateshwara 工程学院（SVCE）以及印度理工学院马德拉斯分校的所有老师及教授——是他们培养出了今天的我。

我还要感谢 Impetus 的前资深数据科学家，目前担任 MacAfee 资深科学家的 Joydeb Mukherjee。他对本书的第一章进行了审阅，我们一起工作的时候，经常会在想法上产生共鸣。这更加坚定了我的超越 Hadoop 的思想体系。同时他也指出了这一领域中的一些优秀的成果，其中就包括 Langford 等人的杰作。

我还要感谢 Edd Dumbill 博士，他曾就职于 O'Reilly，现担任硅谷数据科学（Silicon Valley Data Science）的副总裁——

他是大数据期刊的编辑，我曾经在上面发表过文章。他一直在帮忙审阅本书。2013 年 2 月，他在加州组织 Strata 会议时，我做了一次有关超越 Hadoop 的概念的演讲。这次演讲奠定了本书的基调。我还要借此机会感谢 Strata 大会的组织者采纳了我发表的一些提议。

我还要感谢 Paco Nathan 博士对本书的审阅，并为本书撰写了序言。他的评价对我的鼓舞很大，正如他的职业生涯也一直激励着我一样。他是我的偶像之一，感谢 Paco！

我还要感谢团队的其他成员——如，Pranav Ganguly，他是 Impetus 的资深架构师，替我承担了不少工作，并顺利接手了大数据团队的日常管理工作。很高兴团队中有他以及 Nishant Garg 这样的同事存在。感谢我团队中的所有成员。

如果没有一个强大的家庭后盾，写作本书将会异常艰巨，甚至不可能完成。我的妻子 Vidya 在维持家庭的和睦及幸福方面付出了许多。她牺牲了我们一起相处的时间，以便让我可以专注地进行写作。我的孩子 Prahaladh 和 Purvajaa 也表现得很成熟，让我得以完成此书。感谢他们让我拥有这么一个温馨的家庭。我还要感谢父母早年对我的养育之恩以及品德的培养。

最后，当然也是最重要的，感谢主赐予我的这一切。感谢万能的主对我的眷顾。

关于作者

Vijay Srinivas Agneeswaran 博士，1998 年于 SVCE 的马德拉斯分校获得计算机科学与工程专业的学士学位，2001 年获取了印度理工学院马德拉斯分校的硕士学位（研究性质），2008 年又获取了该校的博士学位。他曾在瑞士洛桑的联邦理工学院的分布式信息系统实验室（LSIR）担任过一年的博士后研究员。之前 7 年先后就职于 Oracle、Cognizant 及 Impetus，对大数据及云领域的工程研发贡献颇多。目前担任 Impetus 的大数据实验室的执行总监。他的研发团队在专利、论文、受邀的会议发言以及下一代产品创新方面都处于领导地位。他主要研究的领域包括大数据管理、批处理及实时分析，以及大数据的机器学习算法的实现范式。最近 8 年来，他一直是计算机协会（ACM）以及电气和电子工程师协会（IEEE）的专家成员，并于 2012 年 12 月被推选为 IEEE 的资深成员。他在美国、欧洲以及印度的专利局都申请过专利（并持有美国的两项专利）。他在前沿的期刊及会议，包括 IEEE transaction 上都发表过论文。他还是国内外多个会议的特邀发言人，譬如 O'Reilly 的 Strata 大数据系列会议。最近一次公开发表论文是在 Liebertpub 的大数据期刊上。他与妻子及儿女一起居住在班加罗尔，对印度、埃及、巴比伦以及希腊古代的文化与哲学的研究非常感兴趣。

1

引言：为什么
要超越 Hadoop
Map–Reduce

也许你是一家视频服务提供商，你想根据网络环境动态地
选择合适的内容分发网络来优化终端用户的体验。也许你是一
家政府监管机构，需要将网页进行色情或非色情的分类以便过
滤色情页面——同时还要做到高吞吐量以及实时性。也许你是
一个通信/移动服务提供商——或者你在这样的公司工作，而你
担心客户流失（客户流失意味着，老用户离开你选择竞争对手，
或者新用户加入竞争对手），你一定非常想知道前一天有哪些
客户在 Twitter 上抱怨你的服务。也许你是一位零售店主，你希
望能预测你的顾客进店之后的购买模式，这样你就可以安排商
品促销活动，并期望销售额能由此带来增长。也许你是一家医
疗保险公司，当务之急是计算某位客户来年住院的概率，以便

适当地修改保费。也许你是一家金融产品公司的 CTO，而公司希望能拥有实时交易/预测算法，以帮助确认账目底线。也许你为一家电子制造公司工作，而你想在试运行期间预测故障、查明故障根源，以便后续能有效地实际运行。欢迎来到这个充满无限可能的世界，这都要归功于大数据的分析。

数据分析由来已久——北卡罗莱纳州立大学在 20 世纪 60 年代晚期有一个用于农业研究的项目叫作"统计分析系统（SAS）"，后来该项目独立出来成立了 SAS 公司。术语 *analysis* 与 *analytics* 之间的唯一区别在于，analytics 通过分析数据以得到可行性的见解。商业智能（BI）这个术语经常用来指商业环境中的数据分析，这最早可能源自 Peter Luhn 的一篇论文（Luhn，1958）。许多 BI 应用运行于数据仓库之上，直到最近也是如此。和 analytics 这个术语相比，big data（大数据）的出现是非常近的事情，后续会有介绍。

术语 big data 最早似乎是 John R. Mashey 使用的，后来硅谷图形公司（SGI）的首席科学家在一份 USENIX（UNIX 用户协会）会议的题为"大数据与下一代基础架构压力"的邀请报告中也有提及，该报告的副本可从 http://static.usenix.org/event/usenix99/invited_talks/mashey.pdf 下载。该术语同样出现在计算机学会通信（ACM）上发表的一篇论文中（Bryson 等，1999 年）。来自 META 集团（如今的 Gartner）的一份报告首次确认了大数据的 3V 观（海量、多样、快速）。谷歌关于 Map-Reduce 的开创性论文（MR; Dean 和 Ghemawat，2004）触发了大数据领域的大量研究。虽然 MR 范式在函数式编程中为人所熟知，但该论文提供了范式在集群环境中的可扩展性实现。该论文和 Hadoop——MR 范式的开源实现——一道，使得最终用户能够在集群环境中进行大数据集的处理，这是一个可用性范式的转变。Hadoop 中包含了 MR 的实现，它与 Hadoop 分布式文件系统（HDFS）一起成为如今数据处理的事实标准。大量的工业厂商正在改变游戏规则，例如迪斯尼、西尔百货、沃尔玛以及 AT&T，他们都已经部署了自己的 Hadoop 集群设施。

Hadoop 的适用范围

众所周知，Hadoop 适用于许多用户场景，比如数据可以分割成独立数据块的场景——这是易并行应用（the embarrassingly parallel application）。Hadoop 难以在企业中广泛普及的原因如下。

- 缺乏对象数据库连接（ODBC）——许多 BI 工具只能被迫去构建不同的 Hadoop 连接器。

- Hadoop 并不适用于所有类型的应用程序：

  ○ 如果数据分片是相互关联的，或者需要进行跨数据分片的计算，就可能涉及连接操作，很难有效运行在 Hadoop 上。比如说，想象一下你有多支股票，这些股票在不同时间点有不同的价格。现在需要计算股票间的关联度——你能否判断出苹果的股票何时会下跌？三星在第二天也下跌的概率有多大？这些计算无法分割成独立的块进行——如果不同块中存储了不同的股票，你必须计算不同块中的股票的关联性。如果数据是按时间线分割的，那么你还是得计算不同时间点之间股票价格的关联性，这也可能会出现在不同的块中。

○ Hadoop MR 不适合于迭代式计算有两个原因。一个原因是每次迭代从 HDFS 中获取数据的开销（这个开销可以由一个分布式缓存层来分摊），另一个是 Hadoop 中缺乏长期存活的 MR 作业。通常，在 MR 作业外必须要执行终止条件检查，以便判断计算是否完成。这意味着在 Hadoop 的每一次迭代中，都需要初始化新的 MR 作业——初始化的开销可能会超过迭代计算本身，并可能导致显著的性能问题。

美国国家学术出版社（NRC，2013）提到，通过观察海量数据分析所需的计算范式的特性，可以从另一方面来理解 Hadoop 的适用性。他们把七个分类称为"七大任务"（巨人），而在超级计算相关的文献中（Asanovic 等，2006），却使用"矮人"这个术语来表示基础的计算型任务。下面是这"七大任务"。

1. **基础分析**：这一分类包括了基础的数据分析操作，比如计算均值、中值、方差，以及次序统计量和计数等。对 N 个点而言，操作的时间复杂度通常都是 $O(N)$，并且它们通常都是易并行的，非常适合 Hadoop。

2. **线性代数运算**：这类运算包括线性系统、特征值问题、以及诸如线性回归、主成分分析（PCA）之类的逆问题。线性回归是 Hadoop 可解的（Mahout 有相关的实现），而 PCA 却不容易实现。更重要的是，矩阵形式的多元统计公式在 Hadoop 上很难实现。这类的例子有核 PCA 以及核回归。

3. **广义的多体问题**：这类问题包括距离、核，或者其他类型的点或者点集合（元组）间的关联性问题。计算复杂度通常是 $O(N^2)$ 甚至 $O(N^3)$。典型问题包括范围搜索、近邻搜索问题、非线性降维方法。多体问题的简单解譬如 K 均值聚类可以在 Hadoop 上实现，但复杂一点的比如核 PCA、核支持向量机（SVM）以及核判别分析，就不行了。

4. **图论计算**：图形式的数据或者可以通过图来建模的问题可以归到这一类中。图数据的计算包括中心度、距离计算，以及排序。当统计模型是一张图的时候，图的搜索就变得至关重要了，同样还有概率的计算，这些操作又被称为推理。一些可以当作线性代数问题的图论计算能够在 Hadoop 上解决，但仅限于任务 2 所列出的范围。而欧几里得图问题则很难在 Hadoop 上实现，因为它们已经算是广义的多体问题了。更重要的是，当你在处理大规模的稀疏图时，你会面临许多计算的挑战，将它们在集群上进行分片会很困难。

5. **优化**：优化问题涉及函数的最小化（凸）和最大化（凹）的问题，这些函数可以是一个目标、损失、开销或者能量的函数。这些问题能通过不同的途径来解决。随机方法非常适合在 Hadoop 中实现（Mahout 中有一个随机梯度下降的实现）。线性及二次规划问题则很难在 Hadoop 上实现，因为它们涉及大矩阵上的复杂迭代和操作，尤其当矩阵是高维的时候。有一个解决优化问题的方法已经被证明是 Hadoop 上可解的，但是需要实现一个称为 All-Reduce 的结构（Agarwal 等，2011）。然而，这个方法是不支持容错的，也没办法进行泛化。由于共轭梯度下降（CGD）本质上是迭代式的，因此它也很难在 Hadoop 上实现。在来自斯坦福大学的 Stephen Boyd 和他的同事们的努力下解决了这一难题。他们在论文（Boyd 等，2011）中提出了一种结合对偶分解和增强拉格朗日的优化算法，这也被称为交替方向乘子法（ADMM）。ADMM 已经有一个基于消息传递接口（MPI）的高效实现了，而 Hadoop 上的实现由于需要多次迭代，效率上没有这么高。

6. **积分**：在大数据分析领域，函数积分的数学操作是非常重要的。贝叶斯推导及随机效应模型中都会出现它们的身影。用于低维积分的正交法是可以在 Hadoop 上实现的，但对于大数据分析问题中的贝叶斯推理中出现的高维积分而言，则不然。（最近大多数的大数据应用都在处理高维数据——Boyd 等人也证实了这一点，2011。）比如，解决高维积分的一个常见方法是马尔科夫链的蒙特卡罗方法（MCMC）（Andrieu，2003），这个就很难在 Hadoop 上实现。MCMC 本质上是迭代式的，因为马尔科夫链需要在数次迭代后收敛成平稳分布。

7. **比对问题**：比对问题是那些涉及数据对象或者对象集合间匹配的问题。这可能出现在许多不同的领域——重复图片的删除、天文学中不同仪器编载目录的匹配、计算生物学中的多重序列比对，等等。简单的方法就是将比对问题作为一个线性代数问题来处理，这个可以通过 Hadoop 实现。不过其他形式就很难在 Hadoop 上实现了——不管是使用动态规划还是隐马尔科夫模型（HMM）都不行。需要注意的是，动态规划需要用到迭代/递归。目录的交叉匹配问题可以看作是一个泛化的多体问题，前面第 3 点中的讨论对此也同样适用。

总结一下，任务 1 是非常适合 Hadoop 的，而在其他问题中，较简单的问题或者小型的任务都是 Hadoop 可解的——事实上，我们可以把这些 Hadoop 可解的问题/算法称作小矮人。Hadoop 的局限性以及它并不适合某些类型的应用促使一些研究人员发明了新的替代品。伯克利大学的研究人员推出了一个替代品"Spark"，也就是说，Spark 可以看作是大数据领域的下一代数据处理的 Hadoop 替代品。在之前的七个任务中，Spark 能够支持下列这些：

- 复杂的线性代数问题（任务 2）。
- 泛化多体问题（任务 3），比如核 SVM 以及核 PCA。
- 某些优化问题（任务 4），比如涉及共轭梯度法的问题。

Spark 上的一个项目 GraphX 致力于让它能够解决另一个难题，图论计算（Xin 等，2013）。通过进一步研究来评估 Spark 是否适合解决其他问题或者说其他任务，比如积分和比对问题，这将会是一个很有意思的领域。

Spark 与众不同的一点在于它的内存计算，它允许在各迭代/交互间将数据缓存到内存中。最初的性能评估表明，对于特定的应用而言，Spark 能比 Hadoop 快百倍以上。本书将探索一下 Spark 及伯克利数据分析栈（BDAS）中的其他组件，Spark 是数据处理方面 Hadoop 的一个替代品，尤其是在涉及机器学习算法的大数据分析领域。我所使用的"大数据分析"这个术语，指的是在大数据集上进行提问并能正确地进行解答的这种能力，底层可能使用的是机器学习这样的技术。我也会提到这个领域中 Spark 的一些替代方案——比如 HaLoop 或者 Twister 系统。

需要超越 Hadoop 进行思考的另一个方面在于实时分析。可以推断出 Hadoop 基本就是一个批处理系统，它不太擅长进行实时分析。因此，如果分析算法需要实时或准实时地运行，来自 Twitter 的 Storm 会是这一领域的一个很有意思的替代方案，尽管还有其他优秀的竞争对手，包括来自 Yahoo 的 S4 以及 Typesafe 的 Akka。相对而言，Storm 的成熟度要高得多，它的线上产品的使用案例也更多。因此，在本书的后续章节，我将会详细介绍 Storm——尽管如此，我依然会将它和实时分析领域的其他一些替代品做一个比较。

需要超越 Hadoop 进行思考的第三个因素在于一些特定的复杂数据结构需要进行专门的处理——图就是其中的一个例子。Twitter、Facebook、LinkedIn，以及其他社交网站，都会涉及图。这些网站需要在图上进行操作，比如，搜索 LinkedIn 上你可能认识的人或者在 Facebook 上搜索图（Perry，2013）。有一些项目致力于使用 Hadoop 来进行图的处理，比如英特尔的 GraphBuilder。然而，正如 GraphBuilder 论文中所指出的（Jain 等，2013)，它的目标在于图的构造及转换，对于从结构化或非结构化数据中进行图的初始化来说，它是挺管用的。GraphLab （Low 等，2012）的出现是图的高效处理的一个重要的替代方案。我说的处理，指的是在图上运行页面排序或者其他机器学习算法。GraphBuilder 可以用来进行图的构造，随后交由 GraphLab 进行处理。GraphLab 关注的是前面介绍的任务 4，即图计算。将 GraphLab 用于其他任务是未来研究的一个有趣方向。

对大数据分析的日益关注是为了使得传统技术，比如购物篮分析，能在大数据集上进行扩展和工作。这从 SAS 及其他传统厂商构建 Hadoop 连接器一事上可见一斑。其他新兴的数据分析方法关注的是使用机器学习或数据挖掘的新算法或者技术来解决复杂的分析问题，包括视频分析及实时分析。我认为

Hadoop 仅仅是其中的一个范式而已，其他一大批新的范式正在不断涌现，包括基于大容量同步并行（BSP）的范式以及图处理范式，这些都更适合于实现迭代式机器学习算法。后续的讨论有助于阐明什么是大数据分析，尤其是从实现机器学习的角度来看，这些有助于理解本书中的一些关键思想，并从涉及复杂问题的实时分析、图计算、批量分析三个维度（任务 2 到任务 7）来建立超越 Hadoop 的思维方式。

大数据分析之机器学习实现的革命

下面我将对机器学习算法的不同实现范式进行讲解，这些既有来自文献的，也有来自开源社区的。首先，这里列出了目前可用的三代机器学习工具。

1. 传统的机器学习和数据分析工具，包括 SAS、IBM 的 SPSS、Weka 以及 R 语言。使用它们可以在小数据集上进行深度分析——工具所运行的节点可以容纳得下的数据集。

2. 第二代机器学习工具，包括 Mahout、Pentaho，以及 RapidMiner。使用它们可以对大数据进行我称其为粗浅的分析。基于 Hadoop 进行的传统机器学习工具规模化的尝试，包括 Revolution Analytics 的成果（RHadoop）以及 Hadoop 上的 SAS，都可以归到第二代工具中。

3. 第三代工具，如 Spark、Twister、HaLoop、Hama 以及 GraphLab。使用它们可以对大数据进行深度分析。传统供应商最近的一些尝试包括 SAS 的内存分析，也属于这一类。

第一代机器学习工具/范式

由于第一代工具拥有大量的机器学习算法，因此它们适合进行深度的分析。然而，由于可扩展性的限制，它们并不都能在大数据集上进行工作——比如 TB 或者 PB 级的数据（受限于这些工具本质上是非分布式的）。也就是说，它们可以进行垂直扩展（你可以提高工具运行节点的处理能力），但无法进行水平扩展（它们并非都能在集群上运行）。第一代工具的供应商通过建立 Hadoop 连接器以及提供集群选项来解决这些局限性——这意味着他们在努力对 R 或者 SAS 这样的工具进行重新设计，以便可以进行水平扩展。这些都应该归入第二代和第三代工具，下面我将会介绍。

第二代机器学习工具/范式

第二代工具（现在我们可以把传统的机器学习工具诸如 SAS 之类称为第一代工具了），如 Mahout(http:// mahout.apache. org)、Rapidminer 及 Pentaho，它们通过在开源的 Map-Reduce 产品——Hadoop 之上实现相关算法，提供了扩展到大数据集上的能力。这些工具仍在快速完善并且是开源的（尤其是

Mahout）。Mahout 拥有一系列的聚类及分类的算法，以及一个相当不错的推荐算法（Konstan 和 Riedl，2012），因此它可以进行大数据处理，现在生产环境中已经有大量的使用案例，主要用于推荐系统。我在一个线上系统中也使用了 Mahout 来实现一个金融领域的推荐算法，并发现它的确是可扩展的，尽管并不是没有一点问题（我还修改了相当一部分代码）。关于Mahout 的一项评测发现，它只实现了机器学习算法中很小的一个子集——只有 25 个算法是达到生产质量的，8 或 9 个在Hadoop 上可用，意味着能在大数据集上进行扩展。这些算法包括线性回归、线性支持向量机、K 均值聚类算法，等等。Mahout通过并行训练，提供了顺序逻辑回归的一个快速实现。然而，正如别人指出的（参见 Quora.com），它没有实现非线性支持向量机以及多变项逻辑回归（或称为离散选择模型）。

毕竟，本书并不是为了抨击 Mahout。不过我认为有些机器学习算法的确是很难在 Hadoop 上实现的，比如支持向量机的核函数以及共轭梯度法（CGD），值得注意的是，Mahout 实现了一个随机梯度下降。这一点还有其他人也同样指出了，比如Srirama 教授的一篇论文（Srirama 等人，2012）。论文详细比较了 Hadoop 和 Twister MR（Ekanayake 等，2010 年）在诸如共轭梯度法等迭代式算法上的不同，论文指出，Hadoop 上的开销非常明显。我提到的迭代式指的是什么呢？它指的是一组执行特定计算的实体，等待邻居实体或者其他实体返回结果，再进行下一轮迭代。CGD 是迭代式算法的最佳典范——每个 CGD都可以分解成 daxpy、ddot、matmul 等原语。下面分别解释这三种原语是什么：daxpy 操作将向量 x 与常量 k 相乘，然后与另一个向量 y 相加；ddot 会计算两个向量 x、y 的点积；matmul 将矩阵与向量相乘，然后返回另一个向量。这意味着每个操作都对应一个 Map-Reduce 操作，一次迭代会有 6 个 MR 操作，最终一次 CG 运算会有 100 个 MR 操作，以及数 GB 的数据交互，尽管这只是很小的矩阵。事实上，设置每次迭代所产生的开销（包括从 HDFS 加载数据到内存的开销）比迭代计算本身都要大，这导致了 Hadoop 上的 MR 会出现性能下降的情况。相反，Twister 会区分静态数据和可变数据，使得数据可以在 MR 迭代过程中常驻内存，同时还有一个合并阶段来收集 reduce 阶段输出的结果，因此性能会有明显的提升。

还有一些第二代工具是传统工具基于 Hadoop 进行的扩展。这类可供选择的有 Revolution Analytics 的产品，它在 Hadoop 上对 R 语言进行了扩展，并在 Hadoop 上实现了 R 语言程序的一个可扩展的运行时环境（Venkataraman 等，2012）。SAS 的内存分析，作为 SAS 高性能分析工具包中的一部分，是传统工具在 Hadoop 集群上进行规模化的另一个尝试。然而，最近发布的版本不仅能在 Hadoop 上运行，同时也支持 Greenplum/Teradata，这应该算作第三代机器学习方法。另一款有趣的产品是由一家叫 Concurrent Systems 的初创公司实现的，它提供了一个预测模型标记语言（Predictive Modeling Markup Language，PMML）在 Hadoop 上的运行环境。PMML 有点类似 XML，使得模型可以存储在描述性语言的文件中。传统工具如 R 及 SAS，都可以将模型保存在 PMML 文件中。Hadoop 上的运行环境使得它们可以将这些模型文件存储到一个 Hadoop 集群上，因此它们也属于第二代工具/范式。

第三代机器学习工具/范式

Hadoop 自身的局限性以及它不太适合某类应用程序，促使研究人员提出了新的替代方案。第三代工具主要是尝试超越 Hadoop 来进行不同维度的分析。我将会从三个维度来讨论不同的实现方案，分别是机器学习算法、实时分析以及图形处理。

迭代式机器学习算法

伯克利大学的研究人员提出了一种替代方案：Spark（Zaharia 等，2010）——也就是说，在大数据领域，Spark 被视为是替换 Hadoop 的下一代数据处理解决方案。Spark 有别于 Hadoop 的关键思想在于它的内存计算，使得数据可以被跨不同的迭代和交互地缓存在内存中。研发 Spark 的主要原因是，常用的 MR 方法只适用于那些可以表示成无环数据流的应用程序，并不适用于其他程序，比如那些在迭代中需要重用工作集的应用。因此他们提出了这种新的集群计算的方法，这种方法不仅能提供与 MR 类似的保证性和容错性，而且能同时支持迭代式及非迭代式应用。伯克利的研究人员提出了一套技术方案，称为 BDAS，该方案可以在集群的不同节点间运行数据分析的任务。BDAS 中底层的组件叫作 Mesos，这是一个集群管理器，它会进行任务分配以及集群任务的资源管理。第二个组件是基于 Mesos 构建的 Tachyon 文件系统。Tachyon 提供了一个分布式文件系统的抽象以及在集群间进行文件操作的接口。在实际的实施方案中，作为运算工具的 Spark，是基于 Tachyon 和 Mesos 来实现的，尽管不用 Tachyon，甚至是不用 Mesos 也可以实现。而在 Spark 基础上实现的 Shark，则提供了集群层面的结构化查询语言的抽象——这与 Hive 在 Hadoop 之上提供的抽象是一样的。Zacharia 等人在他们的文章中对 Spark 进行了探索，这是实现机器学习算法的重要组成部分。

HaLoop（Bu 等人，2010）也扩展了 Hadoop 来实现机器学习算法——它不仅为迭代式应用的表示提供了一层编程抽象，同时还使用了缓存的概念来进行迭代间的数据共享，以及对定点进行校验，从而提高了效率。Twister（http://iterativemapreduce.org）是类似 HaLoop 的一个产品。

实时分析

实时分析是超越 Hadoop 考虑的第二个维度。来自 Twitter 的 Storm 是这一领域的最有力的竞争者。Storm 是一个可扩展的复杂事件处理引擎，它使得基于事件流的实时复杂运算成为了可能。一个 Storm 集群的组件包括：

- spout，用于从不同的数据源中读取数据。例子有 HDFS 类型的 spout、Kafka 类型的 spout，以及 TCP 流的 spout。

- bolt，用于数据处理。它们在流上进行运算。基于流的机器学习算法通常都运行在此之上。

- 拓扑。这是应用特定的 spout 及 bolt 的一个组合——拓扑运行在集群中的节点上。

在实践中，一个架构如果同时包含了 Kafka（来自 LinkedIn 的一个分布式队列系统）集群来作为高速的数据提取器，以及 Storm 集群来进行处理或者分析，那么它的表现会非常不错，Kafka spout 用来快速从 Kafka 集群中读取数据。Kafka 集群将事件存储在队列中。由于 Storm 集群正忙于进行机器学习，因此这么做是很有必要的。本书的后续章节将会对这个架构以及在 Storm 集群中运行机器学习算法所需的步骤进行详细介绍。Storm 也被拿来与实时计算领域的其他竞争者进行比较，包括 Yahoo 的 S4 以及 Typesafe 的 Akka。

图形处理

另一个超越 Hadoop MR 的重要工具来自 Google——实现图形计算的 Pregel 框架（Malewicz 等，2010）。Pregel 中的计算由一系列被称为 *superstep*（超步）的迭代组成。图中的每个顶点都与一个用户定义的计算函数相关联，Pregel 会确保在每个超步中，用户定义的计算函数会并行地在每条边上执行。顶点可以通过边向其他顶点发送消息并交换值。这里同样也有一个全局屏障——当所有计算函数都完成时它会向前移动。熟悉 BSP 的读者可能会知道，Pregel 是 BSP 的一个完美典范——一组实体在并行地执行用户定义的函数运算，它们有全局的同步器并可以进行消息交换。

Apache Hama（Seo 等，2010）是一个开源版的 Pregel，它

也是 BSP 的一个实现。Hama 是基于 HDFS 以及微软的 Dryad 引擎来实现 BSP 的。这或许是因为他们并不希望被认为脱离了 Hadoop 社区。但重要的是，BSP 本质是一个非常适合迭代式计算的范式，同时 Hama 也有 CGD 的并行实现版本，这个我曾讲过，在 Hadoop 上是很难实现的。值得注意的是，Hama 中的 BSP 引擎是基于 MPI 实现的，MPI 是并行编程之父（www.mcs.anl.gov/research/projects/mpi/）。受 Pregel 的影响，还出现了 *Apache Giraph*、*Golden Orb*，以及 *Stanford GPS* 等项目。

GraphLab（Gonzalez 等，2012）已经成为目前最先进的图形处理范式。它最初的定位是作为华盛顿大学以及卡内基梅隆大学（CMU）的一个教学项目。GraphLab 提供了在集群中进行图形处理的许多有用的抽象。PowerGraph 是加强版的 GraphLab，它能更高效地处理自然图或者幂律图——那些稀疏连接顶点很多、密集连接顶点很少的图。对 Twitter 中用于 PageRank 和数三角形问题的图进行的性能评估表明，和其他方法相比，GraphLab 更为高效。本书主要关注的是 Giraph、GraphLab，以及一些相关项目。

表 1.1 比较了不同范式间的非功能特性，比如可伸缩性、容错性，以及实现的算法。可以看出，尽管传统工具只能工作于单个节点之上，无法进行水平扩展，而且还面临单点故障的问题，但最近的一些重构尝试使得它们已经改头换面了。另一项值得注意的是，大多数图形处理范式都不具备容错性，而第三代工具中也只有 Spark 和 HaLoop 是支持容错的。

表 1.1　三代机器学习的实现

代	第一代	第二代	第三代
举例	数据分析系统（SAS）、R、Weka、原生形式的 SPSS	Mahout、Pentaho、Revolution R、SAS 内存分析（Hadoop），Concurrent Systems	Spark、HaLoop、GraphLab、Pregel、SAS 内存分析（Greenplum/Teradata）、Giraph、Golden ORB、Stanford GPS、基于 Storm 的机器学习
扩展性	垂直扩展	水平扩展（基于 Hadoop）	水平扩展（超越 Hadoop）
可用的算法	大量可用的算法	很小的子集——串行逻辑回归、线性 SVM、随机梯度下降、K 均值聚类、随机森林等	可用算法更为广泛——包括 CGD、交替最小二乘法（ALS）、协同过滤、核 SVM、置信传播、矩阵分解、Gibbs 采样等
不可用的算法	实践中没有	许多——核 SVM、多元 SVM、共轭梯度下降（CGD）、ALS 等	泛化形式的多元逻辑回归、K 均值聚类等，可用算法扩充的工作仍在进行中
容错性（FT）	单点故障	由于大多数工具都是基于 Hadoop 来开发的，因此都支持容错性	容错：HaLoop、Spark 非容错：Pregel、GraphLab、Giraph

小结

本章沿七大任务的话题讨论了 Hadoop 的局限性，从而确

定了全书的基调。同时还提出了从以下三个方面来进行超越
Hadoop 的思考。

1. 实时分析：可以选择 Storm 及 Spark streaming。
2. 迭代式机器学习分析：Spark 是一项可选的技术。
3. 需要专门的数据结构及处理：GraphLab 是大图形处理
   方面的一个重要范式。

这些思考都会在本书后续的章节中详细阐述。祝你阅读愉快！

参考文献

Agarwal, Alekh, Olivier Chapelle, Miroslav Dudík, and John Lang-
    ford. 2011. "A Reliable Effective Terascale Linear Learning Sys-
    tem." CoRR abs/1110.4198.

Andrieu, Christopher, N. de Freitas, A. Doucet, and M. I. Jordan.
    2003. "An Introduction to MCMC for Machine Learning." *Machine
    Learning* 50(1-2):5-43.

Asanovic, K., R. Bodik, B. C. Catanzaro, J. J. Gebis, P. Husbands,
    K. Keutzer, D. A. Patterson, W. L. Plishker, J. Shalf, S. W. Wil-
    liams, and K. A. Yelick. 2006. "The Landscape of Parallel Com-
    puting Research: A View from Berkeley." University of California,
    Berkeley, Technical Report No. UCB/EECS-2006-183. Available
    at www.eecs.berkeley.edu/Pubs/TechRpts/2006/EECS-2006-183.
    html. Last accessed September 11, 2013.

Boyd, Stephen, Neal Parikh, Eric Chu, Borja Peleato, and Jonathan Eckstein. 2011. "Distributed Optimization and Statistical Learning via the Alternating Direction Method of Multipliers." *Foundation and Trends in Machine Learning* 3(1)(January):1-122.

Bryson, Steve, David Kenwright, Michael Cox, David Ellsworth, and Robert Haimes. 1999. "Visually Exploring Gigabyte Data Sets in Real Time." *Communications of the ACM* 42(8)(August):82-90.

Bu, Yingyi, Bill Howe, Magdalena Balazinska, and Michael D. Ernst. 2010. "HaLoop: Efficient Iterative Data Processing on Large Clusters." In *Proceedings of the VLDB Endowment* 3(1-2) (September):285-296.

Dean, Jeffrey, and Sanjay Ghemawat. 2008. "MapReduce: Simplified Data Processing on Large Clusters." In *Proceedings of the 6th Conference on Symposium on Operating Systems Design and Implementation (OSDI '04)*. USENIX Association, Berkeley, CA, USA, (6):10-10.

Ekanayake, Jaliya, Hui Li, Bingjing Zhang, Thilina Gunarathne, Seung-Hee Bae, Judy Qiu, and Geoffrey Fox. 2010. "Twister: A Runtime for Iterative MapReduce." In *Proceedings of the 19th ACM International Symposium on High-Performance Distributed Computing*. June 21-25, Chicago, Illinois. Available at http://dl.acm.org/citation.cfm?id=1851593.

Gonzalez, Joseph E., Yucheng Low, Haijie Gu, Danny Bickson, and Carlos Guestrin. 2012. "PowerGraph: Distributed Graph-Parallel Computation on Natural Graphs." In *Proceedings of the 10th USENIX Symposium on Operating Systems Design and Implementation (OSDI '12)*.

Jain, Nilesh, Guangdeng Liao, and Theodore L. Willke. 2013. "GraphBuilder: Scalable Graph ETL Framework." In *First International Workshop on Graph Data Management Experiences and*

Systems (GRADES '13). ACM, New York, NY, USA, (4):6 pages. DOI=10.1145/2484425.2484429.

Konstan, Joseph A., and John Riedl. 2012. "Deconstructing Recommender Systems." *IEEE Spectrum.*

Laney, Douglas. 2001. "3D Data Management: Controlling Data Volume, Velocity, and Variety." Gartner Inc. Retrieved February 6, 2001. Last accessed September 11, 2013. Available at http://blogs. gartner.com/doug-laney/files/2012/01/ad949-3D-Data-Management-Controlling-Data-Volume-Velocity-and-Variety.pdf.

Low, Yucheng, Danny Bickson, Joseph Gonzalez, Carlos Guestrin, Aapo Kyrola, and Joseph M. Hellerstein. 2012. "Distributed GraphLab: A Framework for Machine Learning and Data Mining in the Cloud." In *Proceedings of the VLDB Endowment* 5(8) (April):716-727.

Luhn, H. P. 1958. "A Business Intelligence System." *IBM Journal* 2(4):314. doi:10.1147/rd.24.0314.

Malewicz, Grzegorz, Matthew H. Austern, Aart J. C. Bik, James C. Dehnert, Ilan Horn, Naty Leiser, and Grzegorz Czajkowski. 2010. "Pregel: A System for Large-scale Graph Processing." In *Proceedings of the 2010 ACM SIGMOD International Conference on Management of Data (SIGMOD '10).* ACM, New York, NY, USA, 135-146.

[NRC] National Research Council. 2013. "Frontiers in Massive Data Analysis." Washington, DC: The National Academies Press.

Perry, Tekla S. 2013. "The Making of Facebook Graph Search." *IEEE Spectrum.* Available at http://spectrum.ieee.org/telecom/internet/ the-making-of-facebooks-graph-search.

Seo, Sangwon, Edward J. Yoon, Jaehong Kim, Seongwook Jin, Jin-Soo Kim, and Seungryoul Maeng. 2010. "HAMA: An Efficient Matrix Computation with the MapReduce Framework." In *Proceedings of the 2010 IEEE Second International Conference on Cloud Computing Technology and Science (CLOUDCOM '10)*. IEEE Computer Society, Washington, DC, USA, 721-726.

Srirama, Satish Narayana, Pelle Jakovits, and Eero Vainikko. 2012. "Adapting Scientific Computing Problems to Clouds Using MapReduce." *Future Generation Computer System* 28(1) (January):184-192.

Venkataraman, Shivaram, Indrajit Roy, Alvin AuYoung, and Robert S. Schreiber. 2012. "Using R for Iterative and Incremental Processing." In *Proceedings of the 4th USENIX Conference on Hot Topics in Cloud Computing (HotCloud '12)*. USENIX Association, Berkeley, CA, USA, 11.

Xin, Reynold S., Joseph E. Gonzalez, Michael J. Franklin, and Ion Stoica. 2013. "GraphX: A Resilient Distributed Graph System on Spark." In *First International Workshop on Graph Data Management Experiences and Systems (GRADES '13)*. ACM, New York, NY, USA, (2):6 pages.

Zaharia, Matei, Mosharaf Chowdhury, Michael J. Franklin, Scott Shenker, and Ion Stoica. 2010. "Spark: Cluster Computing with Working Sets." In *Proceedings of the 2nd USENIX Conference on Hot Topics in Cloud Computing (HotCloud '10)*. USENIX Association, Berkeley, CA, USA, 10.

2

何为伯克利数据
分析栈（BDAS）

本章介绍的是来自 AMPLabs（源于算法、机器及人，这是
他们研究的三个维度）的伯克利数据分析栈（BDAS）。首先我
将揭密它的动机，然后再探讨它的设计及架构，以及它的关键
组成部分，包括 Mesos、Spark 和 Shark。BDAS 可以帮助解答
一些商业问题，比如：

- 如何对用户进行分类，哪类用户会对特定的广告感兴
  趣？

- 如何才能找到一个恰当的指标来衡量用户在诸如
  Yahoo 的 Web 应用上的参与度？

- 视频内容提供商如何能通过一些约束条件，比如网络
  负载以及每个内容分发网络（CDN）的缓冲比例，来
  为每个用户动态地选取一个最优的 CDN？

实现 BDAS 的动机

七大任务的分类给我们提供了一个探寻 Hadoop 局限性的框架图。我曾说过，Hadoop 是非常适合任务 1（简单分析），以及其他任务的简单问题的。Hadoop 的主要局限在于：

- 它缺少长期存活的 Map-Reduce 作业，这意味着 MR 作业通常都是短周期的。在许多这类计算任务中，每一次迭代你都得创建一个新的 MR 作业。

- 它无法将工作数据集存储到内存中——每次迭代的结果都要存储到 Hadoop 分布式文件系统（Hadoop Distributed File System，HDFS）中。下一次迭代则需要从 HDFS 中将数据读取到内存并进行初始化。从图 2.1 所示的迭代式计算数据流程图中可以看得更清楚一些。

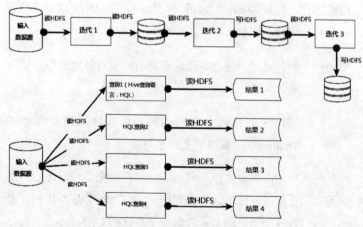

图 2.1　Hadoop Map-Reduce 中的数据共享

还有许多其他的计算或者场景是 Hadoop 不能胜任的，交互式查询就是其中之一。Hadoop 本质上是一个面向批处理的系统——这说明对于每一条查询，它都会初始化一个新的作业集来进行处理，而不管查询历史和模式是什么。最后一个场景是实时计算。这些场景 Hadoop 都不太适合。

正是由于 Hadoop 并不适用于上述这些用例才产生了BDAS 项目。它将批处理、交互式计算、实时计算的能力组合成为一个独立的成熟框架，与现有的系统相比，它能在一个更高的抽象层面上进行编程，这就是 BDAS 框架。Spark 是 BDAS框架的核心。它是一个内存式集群运算范式，提供了丰富的Scala 和 Python 编程的 API。与传统方式相比，这些 API 能让我们在一个更高的抽象层面上进行编程。

Spark：动机

提出 Spark 的一个主要动机就是希望能以一种无缝的方式使用 Scala 的集合或者序列进行分布式编程。Scala 是一门静态类型的编程语言，它将面向对象编程以及函数式编程结合到了一起。这说明 Scala 中的每个值都是一个对象，每个操作都是一次方法调用，类似于 Smalltalk 或者 Java 这样的面向对象编程语言。不仅如此，函数都是头等值，这正是函数式编程语言的精神所在，就如机器学习一般。Scala 库中定义的常用序列包括数组、列表、流、迭代器等。这些序列（Scala 中的所有序列）都继承自 scala.Seq 类，并定义了一组接口来对常用的一些操作进行抽象。map 和 filter 是 Scala 序列中最常用到的函

数——它们分别对序列中的元素执行映射和过滤操作。Spark
还提供了一个分布式共享对象空间，这使得在分布式系统上操
作前面提到的 Scala 序列成为了可能（Zaharia 等，2012）。

Shark：动机

还有一类大规模分析是交互式查询。这类查询在大数据环
境，尤其是在半自动化操作中经常出现，终端用户希望能快速
地进行大数据集的筛选。解决海量数据集上交互式查询的方式
大致可分为两类：并行数据库和 Hadoop MR。并行数据库将数
据（关系式数据库表）分布式地存储到一个不共享任何数据的
集群中，同时使用优化器将 SQL 命令转化成查询计划，再将查
询分发到多个节点上高效地进行处理。如果碰到涉及 join 操作
的这类复杂查询，则需要一个数据传输阶段，类似 MR 中的洗
牌阶段。因此 join 操作可以并行执行，并将结果合并从而得到
最终的答案，这类似于 MR 中的归并阶段。Gamma（DeWitt
等，1986）和 Grace（Fushimi 等，1986）是最早的并行数据库
引擎，最近的有 HP（HP Vertica 6.1）（Lamb 等，2012）、Greenplum
（database 4.0）及 Teradata（Aster Data 5.0）。我从下面这三个
方面来比较 MR 和并行数据库系统的不同之处。

- schema：MR 不需要一个预定义的 schema，而并行
  数据库使用 schema 来区分数据的定义和使用。
- **效率**：效率可以分为两部分，索引和执行策略。关于
  索引，并行数据库拥有基于 B 树的复杂索引，可以快

速地定位数据，而 MR 并没有直接提供对索引的支持。
关于执行策略，MR 会生成中间文件，并通过显式 pull
的方式将它们从映射器中传输到归约器。这样在规模
很大的时候，会产生性能瓶颈。相反的，并行数据库
不会将中间文件存储到磁盘中，它使用的是 push 模型
来传输数据。因此，与 MR 相比，并行数据库的运行
效率更高一些。

- **容错性**：MR 以及并行数据库都同样采用了复制的机
  制来进行容错。不过 MR 采用了复杂的机制来处理创
  建中间文件过程中所产生的失败，而并行数据库并不
  会将中间结果持久化到磁盘中。这意味着，如果重新
  执行工作量会非常大，在失败的情况下性能损耗尤其
  严重。

在 MR 范式常见的失败场景中，重试的工作量通常并不明
显。这是因为 MR 实质上是以更细粒度的方式来提供容错性的，
但它缺乏一个高效策略来执行查询。Hadoop MR 并不适合交互
式查询。之所以这么断言，是因为在 Hadoop 生态系统中支持
这类查询的常见系统里，不论 Hive 还是 Hbase，都缺少一个高
级的缓存层来缓存重要的查询结果——它们的做法是为每条
查询启动新的 MR 作业，这样会显著地增长延迟时间。Pavlo
等人也发现了这一问题（Pavlo 等，2009）。并行数据库系统适
合在非共享集群上进行查询的优化，但它仅提供了粗粒度的容
错性——也就是说，如果失败了，整个 SQL 查询都必须重新执
行。甚至在一些新的查询大数据集的低时延引擎中，比如

Cloudera Impala、Google Dremel，或者它的开源版本 Apache Drill，也采用的是粗粒度恢复点。

上述的这些缺点中最严重的是，并行数据库系统无法支持基于机器学习以及图算法的复杂查询。因此，Shark 的目标就非常明确了：它要实现一个基于分布式系统的 SQL 查询框架，并能提供高性能且丰富的分析能力（与并行数据库相比），以及细粒度的恢复能力（与 MR 相比）。

Mesos：动机

Spark、Hadoop 或者 Storm 这样的框架都需要能够有效地管理集群资源。框架需要将一组进程并行地运行在集群的不同节点上。它们还需要处理这些失败的进程、节点，或者网络。还有第三点就是集群资源必须能高效地使用，这就需要对集群资源进行监控并且能足够快速地获取它们的信息。Mesos 的动机即目标（Hindman 等，2011）就是解决这些问题并能通过共享模式将多个框架同时运行在同一集群环境中。在这种情况下，集群管理系统必须能隔离不同的框架，并且为相应的框架提供一定的资源可用性的保证。在现有的集群管理器中，比如Hortonworks 的 Ambari 或者 Cloudera，它们管理的是集群资源的整个生命周期，并且只局限于指定的框架（Hadoop），无法解决不同框架间的集群资源共享问题。

还有一些用例也提出了多个框架并存于同一物理集群中的需求。考虑一下传统的数据仓库环境，多个来源的历史数据会被收集起来进行离线查询或者分析。Hadoop 能从多个方面对这一场景进行改进，比如提供一个更高效的提取、转换以及加载（ETL）的过程。它对数据的某些特定的预处理也同样有帮助（常见的有数据的整理、清洗及再加工（Kandel 等，2011）），在运行某些特定的分析任务时它还会更高效。在同样的环境中，大规模地运行机器学习算法的需求也同样强烈。正如我前面所讲的，在这些用户场景中，Hadoop 并不是理想的，你可以考虑使用 Spark 或者消息传递接口（Message Passing Interface，MPI）来运行这类专门的分析。在这种情况下，同一个数据仓库环境就必须能同时运行 Hadoop 及 Spark/MPI。这正是 Mesos 理想的使用场景。

BDAS 的设计及架构

BDAS 的架构可以通过图 2.2 来进行说明。

在该图中，整个架构分为三层——资源管理层、数据管理层及数据处理层——应用程序基于这三层来进行开发。底层（第一层）管理的是可用资源，包括集群的节点以及有效地管理资源的能力。常用的资源管理框架包括 *Mesos*、*Hadoop YARN*，以及 *Nimbus*。你可以将 Hadoop YARN（Yet Another Resource Negotiator）（Apache Software Foundation，2014）看作是一个应用调度器或者中央调度器，这里的 Mesos 则更像一个框架调度器或者双层调度器。

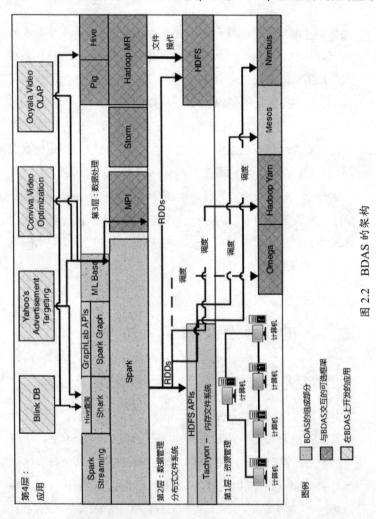

图 2.2　BDAS 的架构

　　中央调度器对所有的作业都使用同一种调度算法，而框架调度器是将处理器分配给不同的框架，让它们在第二层中进行作业的内部调度。另一个不同之处是，Mesos 使用容器组来调度框架，而 Hadoop YARN 使用 UNIX 进程。第一版的 YARN 只解决了内存调度问题，而 Mesos 能同时调度内存和 CPU。Storm 等项目使用 Nimbus 来管理集群资源。Nimbus 更多的是面向云端的应用程序，并且逐渐发展成一个多云的资源管理器（Duplyakin 等，2013）。Omega 是来自 Google 的一个共享状态调度器（Schwarz-kopt 等，2013）。它使得每一个框架都可以无锁地访问整个集群，同时它还采用了乐观的并发控制解决了潜在的冲突问题。这种方式结合了中央调度器（可以完全控制集群的资源，而不用受限于容器内）以及双层调度器（每个框架都有专门的调度策略）的优点。

第二层是数据管理层，这通常是通过一个分布式文件系统来实现的。BDAS 第二层的分布式文件系统可以完美兼容 HDFS。这意味着弹性分布式数据集（Resilient Distributed Datasets, RDD）可以通过 HDFS 或者其他方式来进行创建。Spark 还可以和 Tachyon 一起工作，这是一个来自 AMPLab 团队的内存文件系统。从图 2.2 中可以看出，分布式文件系统和第一层的集群管理器进行交互以完成调度决策。也就是说，Spark 运行在 YARN 之上，与运行在 Mesos 之上相比，调度可能有所不同。对于前者来说，调度完全由 YARN 完成，而对于后者，Spark 会在自己的容器内进行调度。

第三层是数据处理层。Spark 是 BDAS 这一层中的关键框架，因为它是一个内存型集群计算的范式。Hadoop MR，以及工作于它之上的 Hive 和 Pig，也同样位于这一层。这一层中还包括 MPI 及 Storm 等其他的一些框架，但确切地说，它们并不算是 BDAS 的一部分。Spark streaming 类似 BDAS 中的 Storm。这说明 Spark streaming 也是一个复杂事件处理引擎，BDAS 可以通过它来进行实时运算及分析。Shark 是基于 Spark 构建的，它给应用程序提供了一个 SQL 接口。另外，这一层中还包含了其他一些有意思的框架，如 SparkGraph，这是一个基于 Spark 的图形库实现，以及 MLBase，它基于 Spark 提供了一套机器学习库。

基于 BDAS 构建的应用程序位于第四层。主要的应用如下。

- **AMPLab 的 BLinkDB**：BLinkDB 是设计用来在海量数据上执行近似查询的新型数据库，它是基于 Shark 及 Hive 构建的，因此也可以说是基于 Spark 及 Hadoop。BLinkDB 的一个有趣特性是它可以指定查询的误差范围及超时限制，因此它会在规定时间内返回一定误差范围内的结果，而不用查询整个数据集。比如，在 2013 年 10 月在纽约举行的 Strata 会议上，AMPLab 的工作人员演示了他们可以在 4 秒内查询 4TB 的数据集，并且误差控制在 80% 以内。

- **Yahoo 的广告定制及投放**：Yahoo 广泛地使用了 Spark 及 Shark。它构建了一个 Shark 的 SaaS 应用，并用它来进行广告数据分析的试验。这个 Shark 试验能预测出哪些用户（以及用户群体）对特定的广告活动感兴趣，并能正确识别出衡量用户参与度的标准。Yahoo

还重构了 Spark 以便使它能运行于 YARN 之上。它将 Spark-YARN 运行在一个拥有 80 个节点的生产集群中，用来进行模型的评分及分析。这个 Spark 的生产集群使用了协同过滤算法来分析用户的历史行为以便进行内容推荐。

- **Conviva 的视频优化**：Conviva 是一个终端用户视频内容定制公司。它使得终端用户可以在运行时根据负载及流量来切换 CDN。Conviva 基于 Spark 构建了一个优化平台，它能根据运行时的整体数据，如不同 CDN 的网络负载及缓冲比率，来为每个终端用户选择一个最优的 CDN。优化算法是基于线性规划来进行的。Spark 的生产集群能支持 20 个线性规划，每一个又能支持 4000 个决策变量及 500 个约束条件。

- **Ooyala 的视频联机分析处理（Online Analytical Processing，OLAP）**：Ooyala 是另一家在线视频提供商。Ooyala 系统的一个关键在于它在视频内容查询的两个极端中选取了一条中庸之道——聚集预计算（这样查询解析就只是一次查找）或者完全在运行时进行查询解析（这样速度会相当慢）。他们使用 Spark 进行查询的预计算，通过 Spark 的 RDD 来实现物化视图。由于 Shark 能够迅速响应即席查询，因此它被用来进行运行时的即席查询。Shark 和 Spark 都会读取存储于 Cassandra（C*）数据仓库中的数据（视频事件）。使用 Shark/Spark 可使得每天上百万的视频内容上的C*

OLAP 聚合查询速度显著提升，而 Cassandra 中的速度太慢了。[1]

Spark：高效的集群数据处理的范式

Spark 中迭代式机器学习算法的数据流可以通过图 2.3 来理解。将它和图 2.1 中 Hadoop MR 的迭代式机器学习数据流比较一下，你会发现，在 Hadoop MR 中每次迭代都会涉及 HDFS 的读写，而在 Spark 中要简单得多，它仅需从 HDFS 到 Spark 的分布式共享对象空间中进行一次读入——从 HDFS 文件中创建 RDD。RDD 可以重用，在机器学习的各个迭代中，它都会驻留在内存中，这样能显著提升性能。当检查结束条件发现迭代结束时，会将 RDD 持久化，把数据写回到 HDFS 中。后续章节会对 Spark 的内部结构进行详细介绍——包括它的设计、RDD，以及世系，等等。

---

[1]   DataStax Enterprise Edition 1.1.9 的 Cassandra 中的 OLAP 查询花了近 130 秒，而在 Spark 0.7.0 集群中的查询仅花了不到 1 秒。

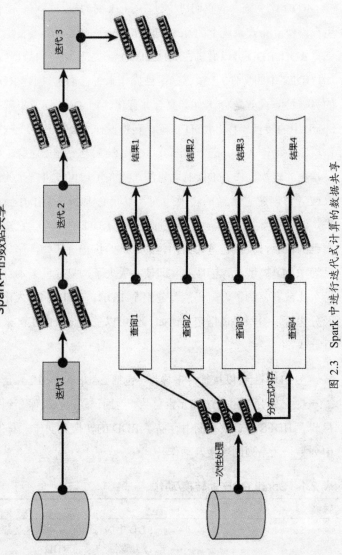

图 2.3 Spark 中进行迭代式计算的数据共享

Spark 的弹性分布式数据集

　　RDD 这个概念与我们讨论过的 Spark 的动机有关——能让用户操作分布式系统上的 Scala 集合。Spark 中的这个重要集合就是 RDD。RDD 可以通过在其他 RDD 或稳态存储中的数据（比如，HDFS 中的文件）上执行确定性操作来进行创建。创建 RDD 的另一种方式就是将 Scala 集合并行化。RDD 的创建也就是 Spark 中的转换操作。RDD 上除了转换操作，还有其他一些操作，比如动作（action）。像 map、filter 及 join 这些，都是常见的转换操作。RDD 有意思的一点在于它可以将自己的世系或者说创建它所需的转换序列，以及它上面的动作存储起来。这意味着 Spark 程序只能拥有一个 RDD 引用——它知道自己的世系，包括它是如何创建的、上面执行过哪些操作。世系为 RDD 提供了容错性——即使它丢失了，只要世系本身被持久化或者复制了，就仍能重建整个 RDD。RDD 的持久化以及分块可以由程序员指定。比如，你可以基于记录的主键来进行分块。

　　在 RDD 上可以执行许多操作，包括 count、collect 及 save，它们分别用来统计元素总数、返回记录，以及保存到磁盘或者 HDFS 中。世系图中存储了 RDD 的转换及动作。表 2.1 中列举了一系列的转换及动作。

表 2.1　Spark RDD 的转换/动作

转换	描述
map(function f1)	把 RDD 中的每个元素并行地传递给 f1，并返回结果的 RDD

续表

转换	描述
filter(function f2)	选取出那些传递给函数 f2 并返回 true 的 RDD 元素
flatMap(function f3)	和 map 类似，但 f3 返回的是一个序列，它能将单个输入映射成多个输出
union(RDD r1)	返回 RDD r1 和自身的并集
sample(flag, p, seed)	返回 RDD 的百分之 p 的随机采样（使用种子 seed）
groupByKey(noTasks)	只能在键值对数据上进行调用——返回的数据按值进行分组。并行任务的数量通过一个参数来指定（默认是 8）
reduceByKey(function f4,noTasks)	对相同键元素上应用函数 f4 的结果进行聚合。第二个参数是并行的任务数
Join(RDD r2, noTasks)	将 RDD r2 和对象自身进行连接——计算出指定键的所有可能的组合
groupWith(RDD r3, noTasks)	将 RDD r3 与对象自身进行连接，并按键进行分组
sortByKey(flag)	根据标记值 flag 将 RDD 自身按升序或降序来进行排序
动作	描述
Reduce(function f5)	使用函数 f5 来对 RDD 的所有元素进行聚合
Collect()	将 RDD 的所有元素作为一个数组返回
Count()	计算 RDD 的元素总数
take(n)	获取 RDD 的第 n 个元素
First()	等价于 take(1)

续表

动作	描述
saveAsTextFile(path)	将 RDD 持久化成 HDFS 或者其他 Hadoop 支持的文件系统中路径为 path 的文件
saveAsSequenceFile(path)	将 RDD 持久化为 Hadoop 的一个序列文件。只能在实现了 Hadoop 写接口或类似接口的键值对类型的 RDD 上进行调用
foreach(function f6)	并行地在 RDD 的元素上运行函数 f6

下面将通过一个例子来介绍如何在 Spark 环境中进行 RDD 编程。这里有一个呼叫数据记录（CDR）——基于影响力分析的应用程序——通过 CDR 来构建用户的关系图，并识别出影响力最大的 *K* 个用户。CDR 结构包括 id、呼叫方、接收方、计划类型、呼叫类型、持续时长、时间、日期。具体做法是从 HDFS 中获取 CDR 文件，接着创建 RDD 对象并过滤记录，然后再在上面执行一些操作，比如通过查询提取特定的字段，或者执行诸如 count 之类的聚合操作。最终写出的 Spark 代码如下：

```
val spark = new SparkContext(<Mesos master>);
Call_record_lines = spark.textFile("HDFS://....");
Plan_a_users = call_record_lines.filter(_.
CONTAINS("plana")); // RDD 上的过滤操作
Plan_a_users.cache(); // 告诉 Spark 运行时，如果仍有空间，
                      // 就将这个 RDD 缓存到内存里
Plan_a_users.count();
%% 呼叫数据集处理中
```

RDD 可以表示成一张图，这样跟踪 RDD 在不同转换/动作间的世系变化会简单一些。RDD 接口由五部分信息组成，详见表 2.2。

表 2.2   RDD 接口

信息	HadoopRDD	FilteredRDD	JoinedRDD
分区类型	每个 HDFS 块一个分区	与父 RDD 一致	每个 reduce 任务一个分区
依赖类型	无依赖	与父 RDD 是一对一的依赖	在每一个父 RDD 上进行 shuffle
基于父 RDD 计算数据集的函数	读取对应块的数据	计算父 RDD 并进行过滤	读取洗牌后的数据并进行连接
位置元数据（preferredLocations）	从命名节点中读取 HDFS 块的位置信息	无（从父 RDD 中获取）	无
分区元数据（partitioningScheme）	无	无	HashPartitioner

RDD 间有两种类型的依赖关系：窄依赖和宽依赖。比如，`map` 中出现的就是窄依赖。一个 RDD 子分区只会使用到一个 RDD 父分区（从父分区到子分区是一对一的映射）。宽依赖出现于 join 操作中。父分区到子分区是多对一的映射。这类依赖会影响到每个集群节点所能使用的管道类型。窄依赖分区容易传送，同时元素上进行的转换或者动作也会更高效，因为它只依赖于一个父分区。宽依赖的传输性能就不那么可观了，它可

能还需要 Hadoop MR 进行网络间的类似洗牌阶段的传输。窄依赖的恢复也会更快，因为只有丢失的那个父分区需要重新计算，而对于宽依赖则需要整个重新执行。

Spark 的实现

Spark 是由大概 20 000 行的 Scala 代码写就的，核心部分大概 14 000 行。Spark 可以运行在 Mesos、Nimbus 或者 YARN 等集群管理器之上。它使用的是未经修改的 Scala 解释器。当触发 RDD 上的一个动作时，一个被称为有向无环图（DAG）调度器的 Spark 组件就会检查 RDD 的世系图，同时会创建各阶段的 DAG。每个阶段内都只会出现窄依赖，宽依赖所需的洗牌操作就是阶段的边界。调度器在 DAG 的不同阶段启动任务来计算缺失的分区，以便重构整个 RDD 对象。它将各阶段的任务对象提交给任务调度器（Task Scheduler，TS）。任务对象是一个独立的实体，它由代码和转换以及所需的元数据组成。调度器还负责重新提交那些输出丢失了的阶段。任务调度器使用一个被称为延迟调度（Zaharia 等，2010）的调度算法来将任务分配给各个节点。如果 RDD 中指定了优先区域，任务就会被传送给这些节点，否则会被分配到那些有分区在请求内存任务的节点上。对于宽依赖而言，中间记录会在那些包含父分区的节点上生成。这样会使得错误恢复变得简单，Hadoop MR 中 map 输出的物化也是类似的。

Spark 中的 Worker 组件负责接收任务对象并在一个线程池中调用它们的 run 方法。它将异常或者错误报告给 TaskSetManager

（TSM）。TSM 是任务调度器管理的一个实体——每个任务集都会对应一个 TSM，用于跟踪任务的执行过程。TS 是按先进先出的顺序来轮询 TSM 集的。通过插入不同的策略或者算法，这里仍有一定的优化空间。执行器会与其他组件进行交互，比如块管理器（BM）、通信管理器（CM）、Map 输出跟踪器（MOT）。块管理器是节点用于缓存 RDD 并接收洗牌数据的组件。它也可以看作是每个 Worker 中只写一次的 K-V（键值）存储。块管理器和通信管理器进行通信以便获取远端的块数据。通信管理器是一个异步网络库。MOT 这个组件会负责跟踪每个 map 任务的运行位置并把这些信息返回给归约器——Worker 会缓存这些信息。若映射器的输出丢失，会使用一个"分代 ID"来将这个缓存置为无效。Spark 中各组件的交互如图 2.4 所示。

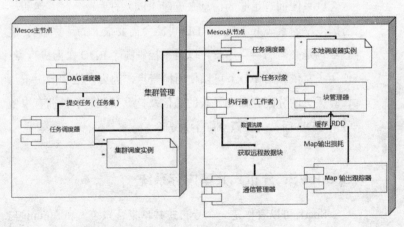

图 2.4　Spark 集群中的组件

RDD 的存储可以通过如下三种方式来完成。

1. 作为 Java 虚拟机中反序列化的 Java 对象：由于对象

就在 JVM 内存中，这样做性能会更佳。

2. 作为内存中序列化的 Java 对象：这样表示内存的使用率会更高，但却牺牲了访问速度。

3. 存储在磁盘上：这样做性能最差，但是如果 RDD 太大以至于无法存放到内存中，那也只能这么做了。

一旦内存满了，Spark 的内存管理会通过最近最少使用（LRU）策略来回收 RDD。然而，属于同一个 RDD 的分区是无法剔除的——因为通常来说，一个程序可能会在一个大的 RDD 上进行计算，如果将同一个 RDD 中的分区剔除，就会出现系统颠簸。

世系图拥有足够的信息来重建 RDD 的丢失分区。然而，考虑效率因素（重建整个 RDD 可能会需要很大的计算量），检查点仍是必需的——用户可以自主控制哪个 RDD 作为检查点。使用了宽依赖的 RDD 可以使用检查点，因为在这种情况下，计算丢失的分区会需要显著的通信及计算量。对于只拥有窄依赖的 RDD 而言，检查点则不太适合。

Spark VS. 分布式共享内存系统

Spark 可以看作是一个分布式共享集合系统，和 Stumm 与 Zhou（1990）以及 Nitzberg 与 Lo（1991）所提到的传统的分布式共享内存（DSM）系统略有不同。DSM 系统允许单独读写内存，而 Spark 只允许进行粗粒度的 RDD 转换。尽管这限

制了能够使用 Spark 的应用种类，但它对于实现高效的容错性
却很有帮助。DSM 系统可能会需要检查点相互协作来完成容
错，比如使用 Boukerche 等人（2005）提出的协议。相反的，
Spark 只需要存储世系图来进行容错。恢复需要在 RDD 丢失的
分区上进行的重构操作——这个可以并行地高效完成。Spark
与 DSM 系统的另一个根本不同在于，由于 RDD 的只读特性，
Spark 可以使用流浪者缓解策略——这使得备份任务可以并行
完成，类似于 MR 中的推测执行（Dinu 和 Ng，2012）。而在
DSM 中则很难缓解流浪者或者备份任务，因为这两者都可能产
生内存竞争。Spark 的另一个优点是当 RDD 的大小超出集群的
所有内存时，可以优雅地进行降级。它的缺点就是 RDD 的转
换本质上是粗粒度的，这限制了能够开发的应用的种类。比如，
需要细粒度共享状态访问的应用，如 Web 爬虫或者其他 Web
应用，都很难在 Spark 上实现。Piccolo（Power 和 Li，2010）
提供了一个以数据为中心的异步编程模型，这或许是这类应用
的一个更好的选择。

在 Spark 中，开发人员调用 map、filter 或 reduce 操
作时可以传入函数或者闭包。一般来说，当 Spark 在工作节点
上运行这些函数时，函数使用域内的本地变量会被复制出来。
Spark 有一个共享变量的概念，它使用广播变量和累加器来模
拟“全局”变量。开发人员使用广播变量一次性地将只读数
据复制给所有工作者。（类共轭梯度下降算法中的静态矩阵可
以使用广播变量来表示。）累加器是只能由工作者来增加并由
驱动程序去读取的变量——这样并行聚合可以实现成支持容

错的。值得注意的是，全局变量是在 Spark 中模仿 DSM 功能的一种特殊方式。

RDD 的表达性

正如前面在比较 Spark 及 DSM 系统时提到的，由于 RDD 只支持粗粒度操作，因此它有一定的局限性。其实 RDD 的表达性对于大多数程序而言已经足够好了。AMPLabs 团队仅花了数百行代码就开发出了整个 Pregel，这是 Spark 上的一个小库。可以通过 RDD 及相关的操作来表示的集群计算模型列举如下。

- **Map–Reduce**：如果存在混合器，这个模型可以使用 RDD 上的 flatMap 和 reduceByKey 操作来表示。简单点，可以表示成 flatMap 和 groupByKey 操作。运算符则对应于 Spark 中的转换操作。

- **DryadLINQ**：DryadLINQ（Yu 等，2008）通过结合声明性及命令式编程提供了 MR 所没有的操作。大多数操作符都能对应 Spark 中的转换操作。Dryad 中的 Apply 结构类似于 RDD 的 map 转换，而 Fork 结构则类似于 flatMap 转换。

- **整体同步并行（BSP）**：Pregel（Malewicz 等，2010）中的计算由一系列称为超步的迭代组成。图中的每个顶点都关联一个用户定义的计算函数，Pregel 会确保在每一个超步中，用户定义的函数都会并行地在每一条边上执行。顶点可以通过边来发送消息并与其他顶点交互数据。同样的，还会有一个全局的栅栏——当所有的计算函数都终止时，它就会向前移动。熟悉BSP的读者可能知道，Pregel是一个完美的 BSP 典范——一组实体并行地计算用户定义的函数，它们有全局的同步器并可以交换消息。由于同一个用户函数会作用于所有顶点，这种情况可以这样实现，将所有顶点存储在一个RDD中并在上面运行 `flatMap` 操作来生成一个新的 RDD。把它和顶点的 RDD 连接到一起，就可以实现消息传递了。

- **迭代式 Map–Reduce**：HaLoop 项目（Bu 等，2010）也同样扩展了 Hadoop 来支持迭代式机器学习算法。HaLoop 不仅为迭代式应用提供了编程抽象，同时它还用到了缓存的概念来在迭代间进行数据共享和固定点校验（迭代的终止），以便提高效率。Twister（Ekanayake 等，2010）是另一个类似 HaLoop 的尝试。这些在 Spark 中都可以很容易地实现，因为它本身非常容易进行迭代式计算。AMPLabs 团队实现 HaLoop 仅花了 200 行代码。

类似 Spark 的系统

Nectar（Gunda 等，2010）、HaLoop（Bu 等，2010），以及 Twister（Ekanayake 等，2010）都是类似于 Spark 的系统。HaLoop 是修改后的 Hadoop，它增加了一个支持循环的任务调度器以及

一定的缓存机制。缓存机制一方面用于缓存映射器的循环数据变量，另一方面用于缓存归约器的输出，以便使得终止条件判断可以更高效地进行。Twister 提供订阅-发布设施来实现一个广播的结构，同时它还能在历次迭代间指定及缓存静态数据。Twister 和 HaLoop 都是扩展 MR 范式以支持迭代式运算的很有意思的实现，然而它们只能算学术项目，并没有提供稳定的实现版本。除此之外，Spark 通过世系所提供的容错性要比 Twister 和 HaLoop 所提供的更先进和高效。另一个重要的不同之处在于，Spark 的编程模型更加通用，map 和 reduce 只是它所支持的众多结构中的一组而已。它还有许多更强大的结构，包括 reduceByKey 以及前面提到的一些。

Nectar 是一个面向数据中心管理的软件系统，它把数据和计算都看作是一等实体（DryadLINQ 中的函数（Yu 等，2008）），并为这些实体提供了分布式的缓存机制。这使得在某些特定的情况下，数据可以通过进行适当的运算来获得，这样就避免了频繁使用数据的重复计算。Nectar 与 Spark 的主要不同在于，Nectar 不允许用户指定数据分区，也不允许用户指定哪些数据应该持久化。这些 Spark 都能支持，因此它的功能更强大。

Shark：分布式系统上的 SQL 接口

内存计算已经成为海量数据分析的一个重要范式，这一点可以从两个方面来理解。一方面，尽管要查询的数据达到了 PB 级，但由于时间和空间的局限性，在一个集群环境上仅需 64GB 的缓存就能够满足绝大多数的查询（95%），Ananthanarayanan

等人在一次研究中发现了这点。另一方面，由于机器学习算法需要在数据的工作集上进行迭代，如果工作数据集在内存中，它的实现会变得非常高效。Shark 本质上可以看作是一个内存型的分布式 SQL 系统。

Shark 基于 Spark 提供了 SQL 接口。Shark 的主要特性就是它的 SQL 接口以及它能够基于机器学习来进行分析的能力，同时还有它为 SQL 查询和机器学习算法所提供的细粒度的容错性。对于查询而言，即使是粗粒度的 RDD 也能工作得很好，因为 Shark 可以从失败中进行恢复，它会重新构造集群中丢失的 RDD 分区。这个恢复是细粒度的，意味着它可以在查询的过程中进行恢复，并不像并行数据库系统那样需要重新执行整个查询。

Spark 为 Shark 提供的扩展

在 Spark 的 RDD 上执行 SQL 查询遵循传统并行数据库的三步流程：

1. 查询解析。
2. 逻辑计划的生成。
3. 将逻辑计划映射为物理的执行计划。

Shark 使用 Hive 查询编译器来进行查询语句的解析。它会生成一棵抽象语法树，然后将它转化成一个逻辑计划。Shark 中逻辑计划的生成方式也类似于 Hive，但两者物理计划的生成方式却不尽相同。Hive 中的物理计划是一系列的 MR 作业，而

Shark 中的却是分阶段 RDD 转换的一个有向无环图。由于 Shark 的高工作负荷性质（在 Hive 中机器学习及用户定义函数（UDF）都很常见），因此在编译期很难获取物理查询计划。对于新数据而言，的确是这样的（之前还未被加载到 Shark 中）。值得注意的是，Hive 和 Shark 都经常用来查询这类数据。因此，Shark 引入了一个称为"部分有向无环图执行"（Partial DAG Execution，PDE）的概念。

部分有向无环图执行

这项技术基于运行时收集的数据来生成查询语句的执行计划，而不是在编译期就生成查询的物理执行计划。收集的数据包括分区大小、倾斜检测的记录条数、哪些记录是频繁出现的，以及 RDD 分区中数据分布的粗略直方图。Spark 在洗牌阶段之前会将 map 输出存储到内存中，之后 reduce 任务会通过 MOT 组件来使用这些数据。Shark 的第一个改动是收集了指定分区以及全局环境的数据，另一个改动是使得 DAG 可以在运行时根据所收集的数据来进行改变。必须注意的是，Shark 是基于单个节点上的查询优化方法构建的，它使用了 PDE 概念结合本地优化器进行查询的全局优化。

数据收集以及后续的 DAG 的修改对 Shark 实现分布式的连接操作至关重要。它提供了两种类型的连接操作：洗牌连接（shuffle join）以及映射/广播连接。广播连接是通过将小表发送到所有的节点来实现的，在这里它会和大表中不相交的分区进行本地合并。而在洗牌连接中，两张表都会根据连接的主键进行哈希分区。广播连接只有在表比较小时才比较高效——读者可以看到，为什么在 Shark 的动态查询优化中这些数据统计如此重要了。Shark 中数据统计用于优化查询的另一种方式就是通过检查分区的大小来合并较小分区以决定归约器的数量或者并行度。

列内存存储

在 Spark 中，默认会将 RDD 存储为 JVM 内存中的反序列化 Java 对象。这样做的好处就是对 JVM 而言，它们天生就是可用的，从而加快了访问速度。但缺点是无法在 JVM 内存中创建大量对象。读者应当时刻牢记，随着 Java 堆中对象数量的上升，垃圾回收器（GC）收集的时间就会越长（Muthukumar 和 Janakiram，2006）[2]。因此，Shark 实现了列存储，所有基础类型的列都会创建一个对象来存储，而对于复杂类型，它会使用字节数组。这极大地减少了内存中的对象数量，也提高了 GC 及 Shark 的性能。同时，与 Spark 原生的实现相比，它还提高了空间的使用率。

---

[2] 分代 GC 常用于现代的 JVM。一类被称为 minor collection 的回收，用来将分区中存活的对象复制到存活区（suvivor space）及持久代中，剩下的对象会被回收。另一种回收是 stop-the-world 的 major collection，它会对老生代进行压缩。

分布式数据加载

Shark 使用 Spark 执行器来加载数据，但会对它进行定制。每一张表都会进行分区，每一个分区都会由一个单独的 Spark 任务来进行加载。这个任务会独立决定是否进行压缩（这列是否需要压缩，如果需要，用何种技术进行压缩——是字典编码还是游程长度编码（Abadi 等，2006））。每个分区还会单独保存压缩后的结果元数据。然而必须注意的是，世系图并不需要存储压缩元数据，这个会在重构 RDD 时进行计算。结果表明，与 Hadoop 相比，Shark 加载数据到内存中的速度更快，同时将数据加载到 HDFS 中的吞吐量也与 Hadoop 一样。

完全分区智能连接

正如在传统数据库中所了解的那样，完全分区智能连接（Full Partition-Wise Join）可以通过连接列来分区两张表的方式实现。尽管 Hadoop 并不支持这样的协同分区，但 Shark 可以通过在数据定义中使用 "distribute by" 子句实现这一点。当连接的是两张分区一致的表时，Shark 会创建 Spark 的 map 任务以避免使用昂贵的洗牌操作，从而获得更高的运行效率。

分区修剪

正如在传统数据库中那样，分区修剪指的是优化器在构建分区访问列表时，通过分析 SQL 中的 `where` 和 `from` 子句，删除不必要的分区。Shark 还通过存储在分区元数据中的范围

值（range value）和非重复值（distinct value，对应枚举类型）
增强数据加载过程中的数据统计，以便在运行时指导分区修剪
决策——这个过程又被 Shark 团队称为映射修剪。

机器学习的支持

Shark 的一个关键又独特的卖点（Unique Selling Points，USP）
是它能够支持机器学习算法。能够实现这一关键点是因为 Shark
允许在返回查询结果的同时顺便返回代表执行计划的 RDD 对象。
这说明用户可以初始化这个 RDD 上的操作——这点非常关键，
因为它使得 Spark RDD 的能力可以为 Shark 查询所用。需要注意
的是，机器学习算法能够在 Spark RDD 上实现，Kraska 等人开发
的 MLbase 库和本书的后续章节都会介绍这点。

Mesos：集群调度及管理系统

正如前面"Mesos：动机"一节中介绍的，Mesos 的主要
目标是帮助管理不同框架（或者应用栈）间的集群资源。比如，
有一项业务需要在一个物理集群上同时运行 Hadoop、Storm 及
Spark。在这种情况下，现有的调度器是无法完成跨框架间的如
此细粒度的资源共享的。Hadoop 的 YARN 调度器是一个中央
调度器，它允许多个框架运行在一个集群里。但是，要使用框
架特定的算法或者调度策略，就变得很难了，因为多个框架间
只有一种调度算法。比如，MPI 使用的是组调度算法，而 Spark

用的是延迟调度，它们两个同时运行在一个集群上会导致供求关系的冲突。还有一个办法就是将集群物理拆分成多个小的集群，然后将不同的框架独立地运行在这些小集群上。再有一个办法就是为每个框架分配一组虚拟机。正如 Regola 和 Ducom（2010）所说的，虚拟化被认为是一个性能瓶颈，尤其是在高性能计算（HPC）系统中。这正是 Mesos 适合的场景——它允许用户跨框架来管理集群资源。

Mesos 是一个双层调度器。在第一层中，Mesos 将一定的资源（以容器的形式）提供给对应的框架。框架在第二层接收到资源后，运行自己的调度算法来将任务分配到 Mesos 所提供的这些资源上。与 Hadoop YARN 中央调度器相比，或许它在集群资源使用方面并不是那么高效，但它带来了灵活性——比如，多个框架实例可以运行在一个集群里。这是现有的这些调度器都无法实现的。就算是 Hadoop YARN，也只是尽量争取在同一个集群上支持类似 MPI 这样的第三方框架而已（示例可参考 Hamster Jira, https://issues.apache.org/jira/browse/MAPREDUCE-2911）。更重要的是，随着新框架的诞生——比如 Samza 最近就被 LinkedIn 开源了——有了 Mesos，这些新框架可以试验性地部署到现有的集群上，和其他的框架和平共处。

Mesos 组件

Mesos 的关键组件是它的主从守护进程，如图 2.5 所示，它们分别运行在 Mesos 的主节点和从节点上。框架或者框架部件都会托管在从节点上，框架部件包括两个进程，执行进程和

调度进程。从节点会给主节点发布一个可用资源的列表，是以
<2 CPU，8GB 内存>列表的形式发布的。主节点会唤起分配模
块，它会根据配置策略来给框架分配资源。随后主节点将资源
分配给框架调度器。框架调度器接收到这个请求后（如果不满
足需求，也可能会拒绝请求），会将需要运行的任务列表以及
它们所需的资源发送回去。主节点将任务以及资源需求一并发
送给从节点，后者会将这些信息发送给框架调度器，框架调度
器会负责启动这些任务。集群中剩余的资源可以自由分配给其
他的框架。接下来，只要现有的任务完成了并且集群中的资源
又重新变为可用的，分配资源的过程就会随着时间不断地重
复。需要注意的是，框架不会说明自己需要多少资源，如果无
法满足它所请求的资源，它可以拒绝请求。为了提高这个过程
的效率，Mesos 让框架可以自己设置过滤器，主节点在分配资
源之前会首先检查这个条件。在实践中，框架可以使用延迟调
度，先等待一段时间，待获取持有它们所需数据的节点后再进
行计算。

一旦资源分配好了，Mesos 会立即提供给框架。框架响应
这次请求可能会需要一定的时间。这就得确保资源是加锁的，
一旦框架接受了这次分配，资源是立即可用的。如果框架长时
间没有响应，资源管理器（RM）有权撤销这次分配。

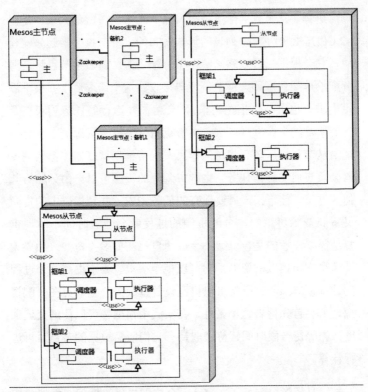

图 2.5　Mesos 的架构

资源分配

　　资源分配模块是可插拔的。目前一共有两种实现——一种是 Ghodsi 等人（2011）提出的主导资源公平（Dominant Resource Fairness，DRF）策略。Hadoop 中的公平调度器（https://issues.apache.org/jira/browse/HADOOP-3746）会按照节点的固定大小分区（也被称为槽）的粒度来分配资源。这样做的效率很低，尤其是在现代的多核处理器的异构计算环境中。DRF 是最小—最大公平算法在异构资源下的一个泛化。需要注意的是，最大—最小算法是一个常见的算法，它拥有许多变种，如循环及加权公平排队，但它通常都用于同类资源。DRF 算法会确保在用户的主导资源中使用最大—最小策略。（CPU 密集型作业的主导资源是 CPU，而 I/O 密集型作业的主导资源是带宽）。DRF 算法中的一些有趣的特性列举如下。

- 它是公平的，并且吸引用户的一点是，它能保证如果所有资源都静态平均分布，就不会偏向任何一个用户。
- 用户谎报资源需求没有任何好处。
- 它具有帕累托效率，从某种意义上来说，系统资源利用率最大化且服从分配约束。

框架可以通过 API 调用获取到保证分配给它们的资源大小。当 Mesos 必须要杀掉一些用户任务时，这个功能就很有用了。如果框架分配的资源在确保的范围内，它的进程就不会被 Mesos 杀掉，如果超出了阈值，Mesos 就会杀掉它的进程。

隔离

Mesos 使用 Linux 或者 Solaris 容器提供了隔离功能。传统的基于 hypervisor 的虚拟化技术，比如基于内核的虚拟机（KVM）、Xen（Barham 等，2003），或者 VMware，都是由基于宿主操作系统实现的虚拟机监控器组成的，这个监控器提供了虚拟机所有的硬件仿真。每个虚拟机都有自己专属的操作系统，这是和其他虚拟机完全隔离开来的。Linux 容器的方式是一种被称为操作系统级虚拟化的技术。操作系统级虚拟化会使用隔离用户空间实例的概念来创建一个物理机器资源的分区。本质上而言，这种方法不再需要基于 hypervisor 的虚拟化技术中所需的客户操作系统了。也就是说，hypervisor 工作于硬件抽象层，而操作系统级虚拟化工作于系统调用层。然而，给用户提供的抽象是指每个用户空间实体都会运行自己专属的独立操作系统。操作系统级虚拟化的不同实现会略有不同，Linux-VServer 是工作于 chroot[3]之上的，而 OpenVZ 则工作于内核命名空间上。Mesos 使用的是 LXC，它通过 cgroups（进程控制组）来进行资源管理，并使用内核命名空间来进行隔离。Xavier 等人（2013）对它做了一份详细的性能评估报告，结果如下：

- 从测试 CPU 性能的 LINPACK 基准测试[4]（Dongarra 1987）来看，LXC 方式要优于 Xen。

- 进行 STREAM 基准测试（McCalpin，1995）[5]时，Xen 的内存开销要明显大于 LXC（接近 30%），而后者能提供接近原生的性能表现。

- 进行 IOzone 基准测试[6]时，LXC 的读、重读、写、重

---

[3] 熟悉 UNIX 操作系统的读者会记得，chroot 是一个改变当前工作进程树根目录的命令，它会创建一个称为"chroot 监狱"的环境来提供文件级别的隔离。

[4] 可从 www.netlib.org/benchmark/获得。

[5] 可从 www.cs.virginia.edu/stream/获得。

[6] 可从 www.iozone.org/获得。

写操作的性能接近于本机的性能，而 Xen 会产生明显
的开销。

- 使用 LXC 进行 NETPIPE 基准测试[7]的网络带宽性能接
近本机性能，而 Xen 的开销几乎增加了 40%。

- 由于使用了客户机操作系统，在 Isolation Benchmark
Suite（IBS）测试中，LXC 的隔离性与 Xen 相比较差。
一个称为 fork 炸弹（fork bomb）的特殊测试（它会不
断地重复创建子进程）表明，LXC 无法限制当前创建
的子进程数。

容错性

Mesos 为主节点提供容错的方式是使用 ZooKeeper（Hunt
等，2010）的热备用配置来运行多个主节点，一旦主节点崩溃，
就会选出新的主节点。主节点的状态由三部分组成——活动从
节点、活动框架，以及运行任务列表。新的主节点可以从从节
点和框架调度器的信息中重构自身的状态。Mesos 还会将框架
执行器及任务报告给对应的框架，框架可以根据自身的策略来
独立地处理失败。Mesos 还允许框架注册多个调度器，一旦主
调度器失败了，可以去连接从调度器。但是，框架需要确保不
同调度器的状态是同步的。

---

[7]　可从 www.scl.ameslab.gov/netpipe/获得。

小结

本章讨论了一些业务场景，以及它们在 BDAS 框架中的实现。同时还介绍了什么是 BDAS 框架，并重点介绍了 Spark、Shark，以及 Mesos。Spark 在那些涉及优化的场景中非常有用——比如 Ooyala 希望基于约束条件来动态地选择最优的 CDN，以便提升视频用户体验。必须注意的是，正如在第 1 章介绍的，众所周知，约束及变量过多的优化问题是很难在 Hadoop MR 中解决的。随机法更适合 Hadoop。不过你应当时刻牢记一点，Hadoop 很难解决优化问题指的是它很难高效地实现规模化。

诸如 MPI 这类传统的并行编程工具或者 Spark 这类的新范式则非常适用于这类优化问题，它们能够高效地进行扩展。另有数位研究人员也同时指出，Hadoop 并不擅长迭代式机器学习算法，包括发明了 Spark 的伯克利研究人员，以及 GraphLab 的研究人员，还有加州大学圣巴巴拉分校的 MapScale 团队。Satish Narayana Srirama 教授在他的论文中就这个问题进行了深入的讨论（Srirama 等，2012）。最主要的原因就是它缺少长期存活的 MR 以及内存编程的支持。每一次 MR 迭代都要启动新的 MR 作业，并将数据从 HDFS 中复制到内存里，再进行迭代，然后将数据写回到 HDFS，接着检查迭代是否终止……每次迭代都重复这些操作会带来显著的开销。

MPI 提供了一个称为 All-Reduce 的结构，它使得值可以在集群节点间累加和广播。Hadoop 上唯一一个解决了一类优化问题的高效实现来自于 Vowpal Wabbit 团队，他们提供了基于

Hadoop 的 All-Reduce 结构的一个实现（Agarwal 等，2013）。

对于另一类稍微不同的场景，Shark 则非常有用：它不用进行预计算就能执行大规模的低延迟即席查询。Ooyala 在视频数据上进行的这类查询就非常明显，比如某个国家的移动用户的热门内容或者其他动态趋势的查询。

Mesos 是一个可以管理集群资源的资源管理器，这个集群可能运行着多种框架，包括 Hadoop、Spark，或者 Storm。在数据仓库环境中这个非常有用，比如，Hadoop 可以用于 ETL，而 Spark 可以用来运行机器学习算法。

参考文献

Abadi, Daniel, Samuel Madden, and Miguel Ferreira. 2006. "Integrating Compression and Execution in Column-Oriented Database Systems." In *Proceedings of the 2006 ACM SIGMOD International Conference on Management of Data (SIGMOD '06)*. ACM, New York, NY, USA, 671-682.

Agarwal, Alekh, Olivier Chapelle, Miroslav Dudík, and John Langford. 2013. "A Reliable Effective Terascale Linear Learning System." Machine Learning Summit, Microsoft Research. Available at http://arxiv.org/abs/1110.4198.

Ananthanarayanan, Ganesh, Ali Ghodsi, Andrew Wang, Dhruba Borthakur, Srikanth Kandula, Scott Shenker, and Ion Stoica. 2012. "PACMan: Coordinated Memory Caching for Parallel Jobs." In *Proceedings of the 9th USENIX Conference on Networked Systems Design and Implementation (NSDI '12)*. USENIX Association,

Berkeley, CA, USA, 20-20.

Apache Software Foundation. "Apache Hadoop NextGen MapReduce (YARN)." Available at http://hadoop.apache.org/docs/current2/hadoop-yarn/hadoop-yarn-site/. Last published February 11, 2014.

Barham, Paul, Boris Dragovic, Keir Fraser, Steven Hand, Tim Harris, Alex Ho, Rolf Neugebauer, Ian Pratt, and Andrew Warfield. 2003. "Xen and the Art of Virtualization." In *Proceedings of the Nineteenth ACM Symposium on Operating Systems Principles (SOSP '03)*. ACM, New York, NY, USA, 164-177.

Boukerche, Azzedine, Alba Cristina M. A. Melo, Jeferson G. Koch, and Cicero R. Galdino. 2005. "Multiple Coherence and Coordinated Checkpointing Protocols for DSM Systems." In *Proceedings of the 2005 International Conference on Parallel Processing Workshops (ICPPW '05)*. IEEE Computer Society, Washington, DC, USA, 531-538.

Bu, Yingyi, Bill Howe, Magdalena Balazinska, and Michael D. Ernst. 2010. "HaLoop: Efficient Iterative Data Processing on Large Clusters." In *Proceedings of the VLDB Endowment* 3(1-2) (September):285-296.

DeWitt, David J., Robert H. Gerber, Goetz Graefe, Michael L. Heytens, Krishna B. Kumar, and M. Muralikrishna. 1986. "GAMMA—A High Performance Dataflow Database Machine." In *Proceedings of the 12th International Conference on Very Large Data Bases (VLDB '86)*. Wesley W. Chu, Georges Gardarin, Setsuo Ohsuga, and Yahiko Kambayashi, eds. Morgan Kaufmann Publishers Inc., San Francisco, CA, USA, 228-237.

Dinu, Florin, and T. S. Eugene Ng. 2012. "Understanding the Effects and Implications of Computer Node Related Failures in Hadoop." In *Proceedings of the 21st International Symposium on High-*

Performance Parallel and Distributed Computing (HPDC '12). ACM, New York, NY, USA, 187-198.

Dongarra, Jack. 1987. "The LINPACK Benchmark: An Explanation." In *Proceedings of the 1st International Conference on Supercomputing*. Elias N. Houstis, Theodore S. Papatheodorou, and Constantine D. Polychronopoulos, eds. Springer-Verlag, London, UK, 456-474.

Duplyakin, Dmitry, Paul Marshall, Kate Keahey, Henry Tufo, and Ali Alzabarah. 2013. "Rebalancing in a Multi-Cloud Environment." In *Proceedings of the 4th ACM Workshop on Scientific Cloud Computing (Science Cloud '13)*. ACM, New York, NY, USA, 21-28.

Ekanayake, Jaliya, Hui Li, Bingjing Zhang, Thilina Gunarathne, Seung-Hee Bae, Judy Qiu, and Geoffrey Fox. 2010. "Twister: A Runtime for Iterative MapReduce." In *Proceedings of the 19th ACM International Symposium on High-Performance Distributed Computing (HPDC '10)*. ACM, New York, NY, USA, 810-818.

Fushimi, Shinya, Masaru Kitsuregawa, and Hidehiko Tanaka. 1986. "An Overview of the System Software of a Parallel Relational Database Machine GRACE." In *Proceedings of the 12th International Conference on Very Large Data Bases (VLDB '86)*. Wesley W. Chu, Georges Gardarin, Setsuo Ohsuga, and Yahiko Kambayashi, eds. Morgan Kaufmann Publishers Inc., San Francisco, CA, USA, 209-219.

Ghodsi, Ali, Matei Zaharia, Benjamin Hindman, Andy Konwinski, Scott Shenker, and Ion Stoica. 2011. "Dominant Resource Fairness: Fair Allocation of Multiple Resource Types." In *Proceedings of the 8th USENIX Conference on Networked Systems Design and Implementation (NSDI '11)*. USENIX Association, Berkeley, CA, USA, 24-24.

Gunda, Pradeep Kumar, Lenin Ravindranath, Chandramohan A. Thekkath, Yuan Yu, and Li Zhuang. 2010. "Nectar: Automatic Management of Data and Computation in Datacenters." In *Proceedings of the 9th USENIX Conference on Operating Systems Design and Implementation (OSDI '10)*. USENIX Association, Berkeley, CA, USA, 1-8.

Hindman, Benjamin, Andy Konwinski, Matei Zaharia, Ali Ghodsi, Anthony D. Joseph, Randy Katz, Scott Shenker, and Ion Stoica. 2011. "Mesos: A Platform for Fine-Grained Resource Sharing in the Data Center." In *Proceedings of the 8th USENIX Conference on Networked Systems Design and Implementation (NSDI '11)*. USENIX Association, Berkeley, CA, USA, 22-22.

Hunt, Patrick, Mahadev Konar, Flavio P. Junqueira, and Benjamin Reed. 2010. "ZooKeeper: Wait-Free Coordination for Internet-Scale Systems." In *Proceedings of the 2010 USENIX Conference on USENIX Annual Technical Conference (USENIXATC '10)*. USENIX Association, Berkeley, CA, USA, 11-11.

Kandel, Sean, Jeffrey Heer, Catherine Plaisant, Jessie Kennedy, Frank van Ham, Nathalie Henry Riche, Chris Weaver, Bongshin Lee, Dominique Brodbeck, and Paolo Buono. 2011. "Research Directions in Data Wrangling: Visuatizations and Transformations for Usable and Credible Data." *Information Visualization* 10(4) (October):271-288.

Kraska, Tim, Ameet Talwalkar, John C. Duchi, Rean Griffith, Michael J. Franklin, and Michael I. Jordan. 2013. "MLbase: A Distributed Machine-Learning System." Conference on Innovative Data Systems Research (CIDR).

Lamb, Andrew, Matt Fuller, Ramakrishna Varadarajan, Nga Tran, Ben Vandiver, Lyric Doshi, and Chuck Bear. 2012. "The Vertica Analytic Database: C-Store 7 Years Later." In *Proceedings of the*

VLDB Endowment 5(12)(August):1790-1801.

Malewicz, Grzegorz,, Matthew H. Austern, Aart J.C Bik, James C. Dehnert, Ilan Horn, Naty Leiser, and Grzegorz Czajkowski. 2010. "Pregel: A System for Large-scale Graph Processing." In *Proceedings of the 2010 ACM SIGMOD International Conference on Management of Data (SIGMOD '10)*. ACM, New York, NY, USA, 135-146.

McCalpin, John D. 1995. "Memory Bandwidth and Machine Balance in Current High-Performance Computers." *IEEE Computer Society Technical Committee on Computer Architecture (TCCA) Newsletter.*

Muthukumar, R. M., and D. Janakiram. 2006. "Yama: A Scalable Generational Garbage Collector for Java in Multiprocessor Systems." *IEEE Transactions on Parallel and Distributed Systems* 17(2):148-159.

Nitzberg, Bill, and Virginia Lo. 1991. "Distributed Shared Memory: A Survey of Issues and Algorithms." *Computer* 24(8)(August):52-60.

Pavlo, Andrew, Erik Paulson, Alexander Rasin, Daniel J. Abadi, David J. DeWitt, Samuel Madden, and Michael Stonebraker. 2009. "A Comparison of Approaches to Large-Scale Data Analysis." In *Proceedings of the 2009 ACM SIGMOD International Conference on Management of Data (SIGMOD '09)*. Carsten Binnig and Benoit Dageville, eds. ACM, New York, NY, USA, 165-178.

Power, Russell, and Jinyang Li. 2010. "Piccolo: Building Fast, Distributed Programs with Partitioned Tables." In *Proceedings of the 9th USENIX Conference on Operating Systems Design and Implementation (OSDI '10)*. USENIX Association, Berkeley, CA, USA, 1-14.

Regola, Nathan, and Jean-Christophe Ducom. 2010. "Recommendations for Virtualization Technologies in High-Performance Computing." In *Proceedings of the 2010 IEEE Second Interna-*

tional Conference on Cloud Computing Technology and Science (CLOUDCOM '10). IEEE Computer Society, Washington, DC, USA, 409-416.

Schwarzkopf, Malte, Andy Konwinski, Michael Abd-El-Malek, and John Wilkes. 2013. "Omega: Flexible, Scalable Schedulers for Large Compute Clusters." In *Proceedings of the 8th ACM European Conference on Computer Systems (EuroSys '13).* ACM, New York, NY, USA, 351-364.

Srirama, Satish Narayana, Pelle Jakovits, and Eero Vainikko. 2012. "Adapting Scientific Computing Problems to Clouds Using MapReduce." *Future Generation Computer System* 28(1) (January):184-192.

Stumm, Michael, and Songnian Zhou. 1990. "Algorithms Implementing Distributed Shared Memory." *Computer* 23(5)(May):54-64.

Xavier, Miguel G., Marcelo V. Neves, Fabio D. Rossi, Tiago C. Ferreto, Timoteo Lange, and Cesar A. F. De Rose. 2013. "Performance Evaluation of Container-Based Virtualization for High-Performance Computing Environments." In *Proceedings of the 2013 21st Euromicro International Conference on Parallel, Distributed, and Network-Based Processing (PDP '13).* IEEE Computer Society, Washington, DC, USA, 233-240.

Yu, Yuan, Michael Isard, Dennis Fetterly, Mihai Budiu, Úlfar Erlingsson, Pradeep Kumar Gunda, and Jon Currey. 2008. "DryadLINQ: A System for General-Purpose Distributed Data-Parallel Computing Using a High-Level Language." In *Proceedings of the 8th USENIX Conference on Operating Systems Design and Implementation (OSDI '08).* USENIX Association, Berkeley, CA, USA, 1-14.

Zaharia, Matei, Dhruba Borthakur, Joydeep Sen Sarma, Khaled Elmeleegy, Scott Shenker, and Ion Stoica. 2010. "Delay Scheduling: A Simple Technique for Achieving Locality and Fairness in

Cluster Scheduling." In *Proceedings of the 5th European Conference on Computer Systems (EuroSys '10)*. ACM, New York, NY, USA, 265-278.

Zaharia, Matei, Mosharaf Chowdhury, Tathagata Das, Ankur Dave, Justin Ma, Murphy McCauley, Michael J. Franklin, Scott Shenker, and Ion Stoica. 2012. "Resilient Distributed Datasets: A Fault-Tolerant Abstraction for In-Memory Cluster Computing." In *Proceedings of the 9th USENIX Conference on Networked Systems Design and Implementation (NSDI '12)*. USENIX Association, Berkeley, CA, USA, 2-2.

3

使用 Spark 实现机器学习算法

本章首先会介绍一下机器学习的基础知识，然后再介绍一些相关的算法，例如随机森林（RF）、逻辑回归（LR）和支持向量机（SVM）。后面会详细阐述如何基于 Spark 来实现这些算法，适当的地方还提供了一些代码框架。

机器学习基础知识

机器学习（Machine learning，ML）这个术语指的是数据的模式学习。也就是说，机器学习可以推断出一组观测数据及对应的响应之间的模式或者说重要的关联关系。现在机器学习已经随处可见了——比如，Amazon 使用机器学习来给用户推荐合适的书籍（或者其他商品）。这种类型的机器学习也被称为推荐系统。推荐系统会学习用户在一段时间内的行为，然后预测出他可能感兴趣的产品。Netflix 也有一些视频方面的推荐系统，大多数在线零售商也都会有自己的推荐系统，比如 Flipkart。下面是机器学习的其他一些应用。

- **语音识别系统**：给出标记好的历史语音数据库（以及用户），以及一段新的语音，看是否能够识别出对应的用户。

- **安全领域的脸部识别系统**：给定一个已标记好的图片数据库以及一张新的图片，能否识别出对应的人？这可以看作是一个分类问题。一个相关的问题叫作验证问题——给定一个包含标记好的图片的数据库，以及一张据说是某人的照片，系统能否验证它们的一致性？注意，在这个案例中，只存在是或否的答案。

- **相关的是/否的答案对于过滤垃圾邮件非常有用**：给定一组邮件，它们被标记为垃圾邮件或者非垃圾邮件，以及一封新的邮件，系统能否识别出这封新邮件是否为垃圾邮件？

- **命名实体识别**：给定一组标记好的文档（里面的实体已标记完毕）以及一个新文档，系统能否正确命名该文档内的实体？

- **网页搜索**：我们如何从已有的海量文档中找到与指定查询相关的文档？这里有许多不同的算法，包括 Google 的 PageRank 算法（Brin 及 Page，1998），以及其他算法，比如 RankNet，它的作者声称这个比 Google 的 PageRank 算法性能更好（Richardson 等，2006）。这个算法依赖于域名信息以及用户访问网页的频率。

机器学习：随机森林示例

许多机器学习的教科书都用这个例子来解释什么是决策树以及随机森林（RF）算法。我们也使用同样的例子，它的下载地址为 www.cs.cmu.edu/afs/cs.cmu.edu/project/theo-20/www/mlbook/ch3.pdf。

先假设天气的属性外观、湿度、风、温度可选的值如下所示。

- **外观**：晴、多云、雨
- **湿度**：高、正常
- **风力**：强、弱
- **温度**：热、温暖、凉爽

目标变量 PlayTennis 有两个可选值，Y 和 N。我们想让系统来学习历史数据的模式，然后根据给定的一组特定的属性值来预测出输出值。历史数据如表 3.1 所示。

表 3.1 PlayTennis 数据集

日期	外观	温度	湿度	风力	打网球
第 1 天	晴天	热	高	弱	否
第 2 天	晴天	热	高	强	否
第 3 天	多云	热	高	弱	是
第 4 天	雨	温暖	高	弱	是
第 5 天	雨	凉爽	正常	弱	是
第 6 天	雨	凉爽	正常	强	否
第 7 天	多云	凉爽	正常	弱	是

续表

日期	外观	温度	湿度	风力	打网球
第 8 天	晴	温暖	高	弱	否
第 9 天	晴	凉爽	正常	弱	是
第 10 天	雨	温暖	正常	强	是
第 11 天	晴	温暖	正常	强	是
第 12 天	多云	温暖	高	强	是
第 13 天	多云	热	正常	弱	是
第 14 天	雨	温暖	高	强	否

学习本模式的一个简单方法就是构造一棵代表这些数据的决策树。决策树可以这么理解：树的节点是属性，分支是属性可能选取的值。叶子节点代表着一个分类。在这个例子中，PlayTennis 这个预测变量的分类是 Y 或者 N。决策树如图 3.1 所示。

机器学习介绍：决策树

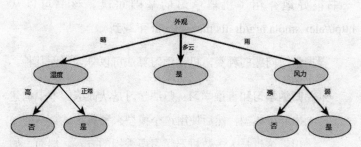

图 3.1　PlayTennis 的决策树

决策树涉及许多理论知识——自顶向下推导来构造决策树，衡量熵或增益来决定哪个属性应作为根节点。但这些我们都不进行深入的讨论了。这里只想用一个直观的例子来让大家感受一下什么是机器学习。决策树和随机森林天然就是可并行的，它们非常适合 Hadoop。我们会深入讨论一下其他算法，比如逻辑回归（LR），之所以对它感兴趣是因为它是迭代式的。这样我们就必须跳出 Hadoop 来进行思考。

需要谨记的是，决策树有其一定的优势，例如它对于异常样本（outlier）的健壮性、混合数据的处理能力，以及它的并行化的能力。它的缺点包括预测精度低、方差大、树的大小及拟合优度的权衡。决策树需要进行剪枝以避免数据的过拟合（这会导致泛化的表现很差）。它的泛化形式也被称为随机森林，这是一个决策树组成的森林。多棵决策树的集合可以组成一个森林，同时在泛化时还无须进行剪枝。随机森林算法的最终输出是回归的均值或者说最大投票数的那个分类。和决策树相比，随机森林算法在跨领域方面拥有更高的精确度。*Introduction to Machine Learning*（Smola 和 Vishwanathan，2008）一书很好地介绍了机器学习的基础知识。该书可以从 http://alex.smola.org/drafts/thebook.pdf 下载到。

根据学习问题的种类，机器学习算法可以分为下面几种。

- **归纳学习和直推学习**：归纳学习是从训练样本中构建出一个模型，然后使用这个模型来预测测试数据的输出。这也是大多数机器学习所采用的方式。然而，如果训练数据不足的话，归纳学习可能会导致一个很难泛化的模型。这种情况下直推学习或许更为适合。直推学习不会构建任何模型，它只是创建了训练样本集

到测试样本集的一个映射。也就是说，它试图解决的
是一个更具体的问题，而不是一个通用问题。

- **机器学习的方法**：根据不同的学习方法，机器学习可
  以分成如下这些类型。

  ○ 监督学习：这里存在一个用来训练的已标记数据
    集——这意味着在比如分类问题中，训练数据中
    包含了数据以及它们对应的分类（标记）。二元
    分类是机器学习所解决的一个基本问题——也
    就是说，测试数据到底属于这两个分类中的哪一
    个？如果给定一组邮件，它们分别被标记为垃圾
    和非垃圾邮件，以及一封需要分类的新邮件，二
    元分类可以用来判断新邮件是否是垃圾邮件。还
    有一个应用就是给定一个业主的信用及就职记
    录等因素，来预测他是否会逾期不还房贷。多元
    分类是二元分类的一个逻辑延伸，这里输出区间
    可以是一组不同的值。比如，在网络流量分类中，
    页面可以分为运动、新闻、科技或者成人等分类。
    多元分类是一个更复杂的问题，有时候它可以通
    过一组二元分类器来完成，或者需要一个多元决
    策模型。

  ○ 增强学习：机器通过产生一系列的动作来与环境
    进行交互。它会获取一系列的奖励（或者惩罚）。
    机器学习的目标是将未来获得的奖励最大化（或
    者将未来的惩罚最小化）。

    ○   无监督学习：这里既没有标记好的训练数据，环境也不会有任何奖励。既然如此，机器还能学习到什么呢?它的目标是让机器学习数据的模式，这对未来的预测会有帮助。无监督学习的经典例子就是聚类及降维。常见的聚类算法包括 K-均值（基于中心点）、混合高斯、层次聚类（基于连接模型），以及最大期望算法（使用的是多元正态分布模型）。降维技术有多种，包括因子分析、主成分分析（PCA）、独立成分分析（ICA）等。隐马尔可夫模型（HMM）是时间序列数据无监督学习的一个不错的方法（Ghahramani, 2004）。

- **机器学习的数据表示**：批处理或在线学习。在批处理中，所有的数据在学习开始前就已经给出了。对于在线学习而言，学习器一次只能接收到一个样本，接着输出它的预测值，然后会接受到一个正确值，最后再获取下一个学习样本。

- **机器学习的任务**：回归或分类。如前所述，分类可以是多元的或二元的。回归是分类的泛化形式，它用来预测目标的实际数值。

逻辑回归：概述

逻辑回归（LR）是一个概率分类模型，它可以用来根据一组自变量（特征变量或解释变量）来预测因变量的输出。逻辑回归的常见形式是二元形式，这里因变量只能属于两个分类。它的泛化问题就是因变量是多元的（非二元），这也被称为多元逻辑回归、离散选择模型，或者定性选择模型。它会测量分类因变量及一个或多个其他因变量间的关系，这个因变量可能会是连续的。逻辑回归会计算因变量的概率值。这意味着逻辑回归不仅仅是一个分类器，它还可以用来预测分类的概率。

二元形式的逻辑回归

逻辑回归根据特征值来预测比值比（odds ratio）：比值比的定义是某个事件发生与不发生的概率比。逻辑回归可以使用连续或者离散的特征值，这点和线性回归类似。它们主要的区别在于，逻辑回归用来进行二元预测的，而线性回归用来预测连续的输出值。为了将特征值转化为连续的区间，逻辑回归取的是因变量为真的自然对数（也被称为 logit 或 log odds，对数发生比）。也就是说，逻辑回归是一个泛化的线性模型，这说明它使用了 link 函数（logit 转换）来进行线性回归。因此，逻辑回归是一个泛化的线性模型，也就意味着它使用了 link 函数来将概率区间转换成了负无穷到正无穷的区间。

尽管逻辑回归的主旨是概率，但所有的逻辑回归都假设存在一个平滑的线性决策边界。它假设 $P(y|x)$ 是存在某种形式的，比如说特征值加权和的逆 logit 变换，以此求出这个线性决策边界。然后它通过最大似然估计法（maximum likelihood estimation，MLE）来求出权值。因此，如果我们解决分类问题的时候忽略 y

是离散值这个事实，并使用线性回归算法根据给定的 x 来预测 y 的话，我们会发现，hypothesis 函数 $h_\theta(x)$ 取值大于 1 或者小于 0 的时候是没有意义的，因为我们知道 $y \in \{0, 1\}$，这里 y 是因变量而 x 是特征值。要解决这个问题，得选择一个新的 $h_\theta(x)$，它其实就是一个 logistic[1] 或者 sigmoid 函数。

$$g(z) = \frac{1}{1 + e^{-z}}$$

因此，新的 hypothesis 函数变成了这样：

$$h_\theta(x) = g(\theta^T x) = \frac{1}{1 + e^{-\theta^T x}}$$

现在，我们可以预测出：

$$y = \begin{cases} 1 & if\ h_\theta x > threshold \\ 0 & if\ h_\theta x < threshold \end{cases}$$

如果我们把前面的函数绘成图，会发现当 $z \to \infty$ 时，$g(z) \to 1$，并且同样的，当 $z \to -\infty$ 时，$g(z) \to -1$。因此，$g(z)$ 和 $h_\theta(x)$ 的边界是 0 和 1。

---

[1] logitstic 函数：逆 logit 函数：

$$logit(p) = log\left(\frac{p}{1-p}\right)$$

因此 logistic 函数为：

$$g(p) = logit^{-1}\left(logit(p)\right) = p = \frac{1}{1 + e^{-logit(p)}}$$

我们假设：

$$p(y \mid x;\ \theta) = \left(h_{\theta}(x)\right)^{y}\left(1 - h_{\theta}(x)\right)^{1-y}$$

因此参数的似然值可以写作：

$$L(\theta) = p(\vec{y} \mid X;\theta)$$

$$= \prod_{i=1}^{m} p(y^{i} \mid x^{i};\theta)$$

$$= \prod_{i=1}^{m} \left(h_{\theta}(x^{i})\right)^{y^{i}}\left(1 - h_{\theta}(x^{i})\right)^{1-y^{i}}$$

这样，对数似然值的最大化就变得很简单了：

$$l(\theta) = \log L(\theta) = \sum_{i=1}^{m} y^{i}\log h(x^{i}) + (1 - y^{i})\log(1 - h(x^{i}))$$

现在，这个对数似然函数可以通过梯度下降、随机梯度下降（SGD），或者其他优化的算法来实现最大化。

可以引入正则化来避免过拟合。有两种类型的正则化，L1（拉普拉斯先验，Laplace prior）以及 L2（高斯先验，Gaussian prior），这个可以根据数据及应用的不同来使用。

逻辑回归估计

逻辑回归预测的是概率而不仅仅是分类。这意味着，它可以使用一个似然函数来拟合。然而，使函数最大化的系数并不存在一个闭合解。因此，评估器登场了。我们可以使用一个选代方法，比如牛顿法（更确切地说是牛顿-拉普森）来求解这个函数（Atkinson，1989）。牛顿法，也被称为迭代重加权最小二乘法，已经被证明在解决逻辑回归问题方面的表现优于其他方法（Minka，2003）。开始的时候它先使用一个近似解，然后进行微调，再检查这个解是不是更优。如果后续迭代改进得比较小的话，整个过程就结束了。在某些情况下这个模型可能无法收敛，比如预测因子的数量远大于样本，或者数据是稀疏的，或者预测因子间的相关性很高。

多元逻辑回归

二元逻辑回归的泛化能够支持多个离散的输出，这也被称为多元逻辑回归，或者多元 logit。使用多元逻辑回归实现的分类器通常也被叫作最大熵分类器（maximum entropy classifier）或者简称为 MaxEnt。MaxEnt 是朴素贝叶斯分类器的一个备选方案，它假设自变量（特征值）都是独立的。MaxEnt 并不会做一个更强的假设，这使得它和朴素贝叶斯分类器相比能适用于更多的场景。然而，使用贝叶斯分类器学习要更为简单，只需统计特征-分类共同出现的次数就可以了。而在 MaxEnt 中，还更多地涉及了权重学习的问题——可能还需要一个类似的迭代的过程。这是由于权重是通过最大后验估计来最大化的。必须注意的是，多元逻辑模型可以看作是条件二元逻辑模型的一个序列。

Spark 中的逻辑回归算法

　　JavaHdfsLR 是逻辑回归分类算法的 Spark 实现，它采用的是渐进梯度下降（SGD）的模型。如前所述，可以使用 SGD 加上诸如牛顿-拉普森的近似法来预测似然函数。输入数据集及输出结果都是 Hadoop 分布式文件系统（HDFS）中的文件，这恰好体现出了 Spark 对 HDFS 的无缝支持。下面从 main 文件开始，跟踪它的计算流程：

1. 由 HDFS 的输入文件创建一个弹性分布式数据集（Resilient Distributed Dataset，RDD）。代码框架如下：

```
......
        String masterHostname = args[0];String sparkHome =
➡args[1];
        String sparkJar = args[2];       String outputFile =
➡args[3];
        String hadoop_home = args[4];

        // 初始化JavaSparkContext对象
        JavaSparkContext sc = new JavaSparkContext(args[0],
➡"JavaHdfsLR",
                   sparkHome , sparkJar);

        // 构建HDFS输入文件的URL
        String inputFile = "hdfs://" + masterHostname +
➡":9000/" + args[1];

        // 从存储于HDFS的输入文件中新建一个RDD对象
        JavaRDD<String> lines = sc.textFile(inputFile);
........
```

2. 使用 map() 函数来转换"ParsePoint"，map 函数是 Spark 中的一个结构，类似于 Map-Reduce 框架中的 map。它将每条输入记录转化成权值及梯度计算中所需的独立的特征值。

在 main 函数中调用 ParsePoint 函数：

```
JavaRDD<DataPoint> points = lines.map(new ParsePoint()).
cache();
```

实际的 ParsePoint 转换：

```
static class ParsePoint extends Function<String, DataPoint>
{
        public DataPoint call(String line) {
            // 将输入行按空格符进行分割
            StringTokenizer tok = new StringTokenizer(line,
" ");
            // 将首条记录值赋值给DataPoint对象的变量y
            double y = Double.parseDouble(tok.nextToken());
            // 余下值的列表组成了DataPoint对象的x变量
            double[] x = new double[D];
            int i = 0;
            // 循环D次来创建列表
            while (i < D) {
                x[i] = Double.parseDouble(tok.nextToken());
                i += 1;
            }
            return new DataPoint(x, y);
        }
    }
```

3. 只要输入记录中仍有特征值，就不断地进行迭代，最终创建出一个初始的权值列表。

4. 使用另一个 map 转换来计算梯度（就是前面所提到的数学公式），迭代的次数由用户来指定。每一次迭代中，计算出的梯度会通过 reduce 转换来累加到它的一个向量形式中，最终得到梯度值。该值用来调整输入

记录的初始权值以获取到计算后的权重，也即是最终
结果。

计算梯度类：

```
static class ComputeGradient extends Function<DataPoint,
➡double[]> {
        double[] weights;

        public ComputeGradient(double[] weights) {
            this.weights = weights;
        }

        public double[] call(DataPoint p) {
            double[] gradient = new double[D];
            // 迭代D次计算出数据点的各维度的梯度值
            for (int i = 0; i < D; i++) {
                double dot = dot(weights, p.x);
                gradient[i] = (1 / (1 + Math.exp
➡(-p.y * dot)) - 1) * p.y * p.x[i];
            }
            return gradient;
        }
    }

    /*
     * ComputeGradient 内部的工具方法，用来计算两个向量的积
     */
    public static double dot(double[] a, double[] b) {
        double x = 0;
        for (int i = 0; i < D; i++) {
            x += a[i] * b[i];
        }
        return x;
    }
```

通过梯度进行迭代：

```
for (int i = 1; i <= ITERATIONS; i++) {
    // 计算每次迭代的梯度
    double[] gradient = points.map(
        new ComputeGradient(w)
```

```
).reduce(new VectorSum());

// 分别调整每一个权值
for (int j = 0; j < D; j++) {
    w[j] -= gradient[j];
}
```

支持向量机

　　支持向量机（SVM）是用来解决二元分类问题的一个监督式学习方法。给定一组落到两个分类中的对象或者点（训练数据），现在的问题是如何确定一个给定的新点（测试数据）是属于哪个分类的。支持向量机的学习方法计算分割两个分类的线/面。比如，在一个简单的情况下，这里点是可线性分割的，支持向量机中的这条线则如图 3.2 所示。

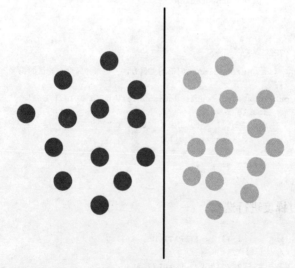

图 3.2　线性可分点的 SVM 示例

复杂决策面

许多分类问题都不是线性可分的，可能需要复杂决策面来进行分类的最优切割。图 3.3 中演示的是一种非线性（曲线的）可分的情况。

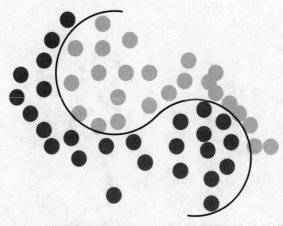

图 3.3   非线性 SVM 分割

在这个例子中，很明显，这些点/对象并不是线性可分的，需要一条曲线才能将它们分隔开来。支持向量机尤其适合按面分割的分类问题，它也被称为超平面分类器。然而，支持向量机之美就在于即使问题空间中的分类并不是线性可分的，它仍然在特征空间里把它们当成一个超平面问题进行处理。

图 3.4 展示了支持向量机的威力。可以看到，通过使用一系列的数学函数也就是核函数，问题空间被转化成了我们所说的特征空间，或者多维空间、无限空间。在特征空间里，问题变成线性可分的了。必须注意的是，SVM 求出的是最优的超平

面，也就是说，它到两个分类的最近的训练数据点的距离（函数距离，并不是欧氏距离）是最大的，这样能降低分类器的泛化误差。SVM 中关键的一点在于，高维空间并不需要直接处理，你只需求出这个空间的点积就可以了。除了二元分类问题，支持向量机也被扩展用于解决回归问题。

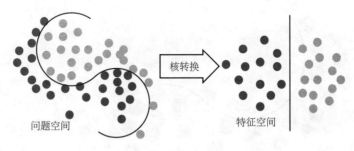

图 3.4　SVM 核转换

支持向量机背后的数学原理

本节中用到的数学公式来自 Boswell 2002 年的一篇论文。我们有一个训练样本集 $l, \{x_i, y_i\}$，其中 x_i 是一个有 d 个维度的输入数据，而 y_i 是一个分类标记，它表明这个输入数据属于哪个分类。输入空间的所有超平面的特征值都可以通过向量 w 和常量 b 来表示：

$$w \cdot x + b = 0$$

有了这个分割数据的超平面 (w, b)，就可以得出超平面的一个函数定义，它能够根据需要将数据进行分类：

$$f(x) = sign(w \cdot x + b)$$

接下来我们把正则超平面定义为：

$$yi(xi \cdot w + b) \geq 1 \quad \forall\, i$$

给定一个超平面(b,w)，可以看出所有的$\{\gamma b,\ \gamma w\}$对都定义的是同一个超平面，但它们到指定的数据点的函数距离都不相等。从直觉来看，我们要找的应该是数据点最近但距离最大的那个超平面。因此我们需要最小化 $W(\alpha)$：

$$W(\alpha) = -\sum_{i=1}^{l}\alpha i + 1/2\sum_{i=1}^{l} yiyj\alpha i\alpha j(xi \cdot xj)$$

它满足这样的条件：

$$\sum_{i=1}^{l}\alpha iyi = 0 \ and \ 0 < \alpha i < C \quad \forall\, i$$

这里 C 是常量，而 α 是一个由 l 个非负拉格朗日乘子组成的待定的向量。可以看到，最终的最优超平面可以表示成：

$$w = \sum_{i}\alpha iyixi$$

同样可以看到：

$$\alpha i\big(yi(w \cdot xi + b) - 1\big) = 0 \ \forall\, i$$

也就是说，当一个样本的距离大于 l 的时候，α=0。因此只有最近的那些数据点会影响到 w。那些 $\boldsymbol{ai} > 0$ 的训练样本也被称为支持向量。这也是为什么这个学习方法被称为支持向量机的原因，因为它是由这些支持向量来固定的。$\boldsymbol{ai}$ 可以看作是衡量样本好坏的量度——就是这个样本在决定超平面的时候起到多重要的作用。常量 C 的意义在于它是个可调整的参数。C

越高意味着从训练向量中学习到的越多，这样会导致过拟合，而 C 越低说明它更具有一般性。

现在我们来探索一下核方法在 SVM 中的应用。如前所述，使用核函数的目的在于将非线性可分的输入数据空间转化成一个数据线性可分的特征空间。我们定义了一个 $z = \theta(x)$ 的映射，它会将输入向量转换成一个高维的向量 z。等式 l 中所出现的所有 x 都会替换成 $\theta(x)$，因此我们会得到 w 的一个等式，如下：

$$w = \sum_i \alpha i y i \varnothing(xi)$$

$f(x)$ 可以表示成：

$$f(x) = sign\left(\sum_i \alpha i y i \varnothing(xi) \cdot \varnothing(x) + b \right)$$

这意味着如果不需要直接处理 $z = \theta(x)$ 映射的话，我们只需求出特征空间的点积 $K(xa,xb) = \theta(xi)\,\theta(xj)$ 就可以了。已知的比较有用的核函数包括多项式核、高斯径向基函数（RBF），以及双曲正切等。

同时使用多个 SVM 并将每个分类和其他分类进行比较，这样能够解决多元分类问题（Crammer 和 Singer，2001）。

Spark 中的支持向量机

这个实现使用了另一个叫 SVMModel 的内部类来表示训练过程中返回的模型对象以及 SVMWithSGD，它是 SVM 中的核心实现。在 Spark 的源代码的 ML-Lib 主干下可以找到相应的源码。下面将对它进行简单介绍。

这是支持向量机算法的工作流：

1. 创建 Spark 上下文。

2. 加载已标记的输入训练数据，SVM 中用到的标记必须是{0,1}。

3. 使用由(label, features)对及其他输入参数组成的 RDD 输入来训练模型。

4. 使用输入数据来创建一个类型为 SVMWithSGD 的对象。

5. 调用 GeneralizedLinearModel 重写后的 run() 方法，它会使用预配置的参数在输入 RDD 的 LabeledPoint 上运行算法，并对所有输入特征的初始权重进行处理。

6. 获得一个 SVM 模型对象。

7. 终止 Spark 上下文。

Spark 对 PMML 的支持

预测模型扩展语言（PMML）是分析模型的标准，它由数据挖掘小组（DMG）制定及维护，DMG 是一个独立的联合组织。[2]PMML 是一个基于 XML 的标准，应用程序可以通过它来描述及传输数据挖掘和机器学习的模型。4.x 版本的 PMML 使得数据再加工（数据再加工这个术语指的是对数据进行操作及转换，以便提供给机器学习来使用）及数据分析可以用同样的标准进行表示。PMML 4.0 给数据再加工或预处理任务的表示添加了许多支持。描述性分析（通常用于解释过去的行为）及预测性分析（用来预测未来的行为）都能通过 PMML 进行表示。接下来的介绍仅限于 PMML 4.1 版本，这是 2013 年 11 月以来发布的最新标准。

图 3.5 是 Spark/Storm 对 PMML 支持的一个概况。它展示了在 Spark 及 Storm 中支持 PMML 的范式的威力。数据分析师通常采用传统工具进行建模（SAS/R/SPSS）。这个模型可以保存为 PMML 文件，并由我们构建的框架来读取。框架能在 Spark 上以批处理模式对这个保存好的 PMML 文件进行评分——这使得它得以扩展到集群环境中的大数据集上。框架还可以在 Storm 或者 Spark streaming 上以实时模式进行 PMML 的评分。这样它们的分析模型可以实时地工作。

---

[2]　这个组织中的一些贡献成员包括 IBM、SAS、SPSS、Open Data Group、Zementis、Microstrategy 以及 Salford Systems。

SPSS
sas
PMML File
Impetus iLabs
PMML 评分引擎
社交数据
传统DB
新数据源
Spark/Storm Code
计算机
Storm/Spark
集群
计算机
计算机
Predictions
计算机
计算机

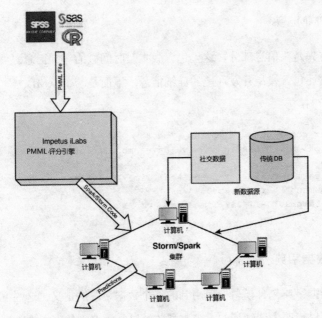

图 3.5 Spark/Storm 对 PMML 的支持

PMML 结构

PMML 的结构如图 3.6 所示（Guazzelli 等，2009b）。

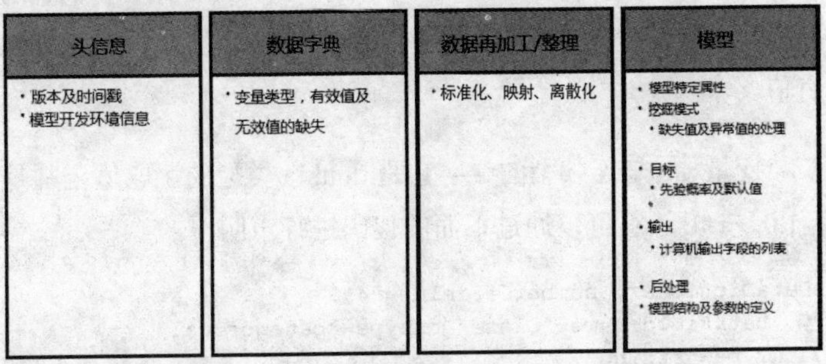

头信息
• 版本及时间戳
• 模型开发环境信息
数据字典
• 变量类型，有效值及无效值的缺失
数据再加工/整理
• 标准化、映射、离散化
模型
• 模型特定属性
• 挖掘模式
• 缺失值及异常值的处理
• 目标
• 先验概率及默认值
• 输出
• 计算机输出字段的列表
• 后处理
• 模型结构及参数的定义

图 3.6 PMML 结构

PMML 头

首先是头信息部分，这里包含版本及时间戳的详细信息。同时它还包含模型开发环境的详细信息。下面是一个 XML 格式的示例：

```
<Header copyright = "Impetus, Inc."
Description = "This is a Naive Bayes model expressed in
PMML">
<Application name = "Impetus Real Time Analytics
Environment" Version = "3.7"/>
<Timestamp>2013-11-29</Timestamp>
</Header>
```

数据字典

数据字典包含模型中使用到的每个数据字段的定义。这些字段可以声明为连续型的、分类型的，以及顺序型的。根据类型的不同，可以指定适当的取值范围和数据类型（字符串或者浮点型）。

在下面这个简短的示例中，分类字段可以取值为 Republican 或者 Democrat。如果这个字段取的是一个不同的值，那么这个值会被认为是无效的。NULL 值会被认为是没有值。

变量 v3 是连续型的——它是 double 类型的，取值范围是 {-1.0..+1.0}。它可以通过下面的代码进行声明：

```
<DataDictionary numberOfFields="4">
    <DataField name="Class" optype="categorical"
dataType="string">
        <Value value="democrat"/>
```

```
    <Value value="republican"/>
  </DataField>
  <DataField name="age-group" optype="categorical"
dataType="string">
    <Value value="old"/>
    <Value value="youth"/>
    <Value value="middle-age"/>
  </DataField>
  <DataField name="location" optype="categorical"
dataType="string">
    <Value value="east"/>
    <Value value="west"/>
    <Value value="central"/>
  </DataField>
  <DataField name="V3" optype="continuous"
dataType="double">
<interval closure ="closedOpen"
leftMargin = "-1.0" rightMargin="1.0"/>
  </DataField>
</DataDictionary>
```

数据转换

不同数据间的转换可以像下面这样在 PMML 中声明。

- **连续型转换**：这使得一个连续型变量可以转换为另一个
  连续型变量，这类似于标准化。这里给出了一个例子。

  ```
  <LocalTransformations>
  <DerivedField name="DerivedV3"
  Datatype="double" optype="continuous">

  <NormContinuous field = "InputV1" mapMissingTo="0"
  outliers="asMissingValues">
      <LinearNorm orig="1.7" norm="0">
      <LinearNorm orig="11.7" norm="1">
  </NormContinuous>
  </DerivedFiled>
  </LocalTransformations>
  ```

- **离散值标准化**：这可以将字符串值映射成数值型。这通常用于回归或者神经网络模型中的数学函数。下面是一个例子：

```
IF ageGroup == "Youth"
THEN
        DerivedAge = 1
ELSE
IF ageGroup = "Middle-Age"
THEN
        DerivedAge=2
ELSE
        DerivedAge=3
```

- **离散化**：这用来将连续型的值映射成离散的字符串值，通常是基于可能取值的范围来转换的：

```
<LocalTransformations>
<DerivedField name="DerivedV4"
Datatype="string" optype="categorical">
<Discretize field = "InputV1" defaultValue="inter">
    <DiscretizeBin binValue ="negative">
    <Interval closure = "openClosed"
        rightMargin = "-1" />
    </DiscretizeBin>
    <DiscreteBin binValue="inter">
    < Interval closure = "openClosed"
        leftMargin= "-1"
        rightMargin="1"
    </DiscretizeBin>
    <DiscreteBin binValue="positive">
    < Interval closure = "openOpen"
        leftMargin= "1"
        rightMargin="10"
    </DiscretizeBin>
</DiscretizeField>
</DerivedFiled>
</LocalTransformations>
```

- **值映射**：它用来将离散的字符串值映射到其他离散字

符串值上。这通常是通过一张表来完成的（这个表可以在 PMML 代码之外，但从代码中可以引用它），它定义了输入的组合以及派生变量所对应的输出。

模型

这个元素包含了数据挖掘或预测模型的定义。它能够描述模型特有的元素。回归模型的一个典型定义如下所示：

```
<RegressionModel
modelName="VajraBDARegressionModel"
functionName="regression"
algorithmName="logisticRegression"
normalizationMethod="loglog"
</RegressionModel>
```

挖掘模式

该元素会列出模型中用到的所有字段，也可以是数据字典元素中定义的字段的子集。它通常会包含如下的属性字段。

- name：它引用的必须是数据字典元素中的某个字段。

- usageType：它的取值可以是 active、predicted、supplementary，用来区分字段是用作特征值还是预测值。

- outliers：可以是 asMissingValues、asExtremeValues 或者 asIs（默认值），它对应的是异常值的处理方案。

- lowValue 和 highValue：和 outlier 属性配套使用。

- **missingValueReplacement**：用于缺失值的特殊处理，它会使用预定义的值来替换掉空值。

- **missingValueTreatment**：可以是 `value`、`mean` 或者 `median`，对应着值缺失的不同处理方式。

- **invalidValueTreatment**：可以是 `asIs`、`asMissing` 或者 `returnInvalid`，它表明如何处理无效的特征值。

目标及输出

`Target` 元素用来管理模型的预测值。它通常用于后置处理——比如定义默认的概率值，当模型由于缺少值而无法预测概率时会很有用。这种情况下，`Target` 元素的 `priorProbability` 属性就非常管用了。

`Output` 元素用于预测变量的后置处理。在 PMML 4.1 中，通过使用 `Output` 元素，预处理过程中的所有自定义及内建函数也都可以在后处理中使用了。这包括指定默认的预测值、记录到预测实体的距离或相似度测量（通过 `affinity` 属性）、排名（在关联模型或 K 近邻模型中有用），等等。请参考 Alex Guazzelli（2009a）的著作来了解更多关于 PMML 的细节。

PMML 的生产者及消费者

PMML 的生产者指的是任意能生成 PMML 文件的实体。传统的数据分析模型工具比如 SAS/SPSS/R 都属于 PMML 生产者——用户可以通过它们将分析模型保存成 PMML 文件。PMML 的消费者是指能消费 PMML 文件并生成预测结果或者评分结果的实体。R 及 SAS，以及最近的 BigML 都仅仅是 PMML 的生产者而已，这意味着它们并不支持 PMML 模型的消费或者评分。SPSS、Microstrategy 以及近来的 KNIME 都能同时支持 PMML 文件的生产及消费。

在流行的开源 PMML 消费者中，Augustus 算是非常优秀的，它是最早一批实现 PMML 规范的。Augustus 同时扮演了 PMML 的生产者和消费者的角色。当 Augustus 作为 PMML 消费者的时候，它能够突破内存的限制，而在传统的 PMML 评分系统中内存是一个瓶颈。

Concurrent Systems Inc.是一家大数据的初创公司，它开发了一款叫作"Pattern"的 PMML 评分引擎，它能在 Hadoop 集群上进行工作。由于它消费的数据源来自 HDFS，这使得 PMML 模型可以突破集群本身的内存限制从而对大数据集进行评分。但 Augustus 和 Pattern 也仍然存在一些限制，比如它们无法支持不同种类的 PMML 模型。

JPMML 是另一款开源的 PMML 生产者及消费者引擎，它完全使用 Java 编写。JPMML 可以支持更广泛的 PMML 模型，包括随机森林、Association、聚类、朴素贝叶斯、通用回归、K 近邻以及 SVM 等。JPMML 可免费从 https://github.com/jpmml/jpmml 获取到。

ADAPA 是来自另一家数据初创公司 Zementis Inc.的产品，

它也非常流行，并且能在 AWS 市场上使用。ADAPA 是最早一批能在 Hadoop 集群上工作的评分引擎之一（Guazzelli 等，2009a），它最近已经演变成了通用的 PMML 插件（UPPI）。ADAPA 可以看作是一个实时的 PMML 评分平台，而 UPPI 则是 Hadoop 上的批处理系统。

Spark 对朴素贝叶斯的 PMML 支持

在介绍朴素贝叶斯算法在 Spark 中是如何工作的之前，我们先快速介绍一下这个算法。贝叶斯理论可以通过下面这个简单的等式来表示：

$$P(Y \mid X_1, ..., X_n) = \frac{P(X_1, ..., X_n \mid Y)P(Y)}{P(X_1, ..., X_n)}$$

这里 X_1, X_2, ..., X_n 是特征值，而 Y 是一个分类变量，它仅有有限的几个可取的输出值或者说分类。

用中文来简单地描述一下：

后验概率 = 似然值*先验概率/ 证据因子

由于在实践中分母通常都是一个常量，因此前面等式中的分子对于数据分类而言更为重要。朴素贝叶斯算法做出了"条件独立"的假设，这说明对于指定的一个分类 Y 而言，每个特征都有条件地独立于其他特征：

$$P(Y \mid X_1, X_2 ... X_n) = \frac{1}{Z}P(Y)\prod_{i=1}^{n}P(Xi \mid Y)$$

这里 Z 是一个比例因子。分类的先验概率和特征概率的分布可以从训练集的相对频率近似求出，这就是概率的最大似然估计。

实现对朴素贝叶斯的 PMML 支持的关键在于，在 Spark 中实现贝叶斯算法。该实现还需要从 PMML 文件中读取出模型参数并进行必要的预处理。Spark 中实现朴素贝叶斯评分的代码如附录 A 中所示。代码省略掉了预处理的部分，主要关注于 Spark 中评分的环节。上述这些在 Spark 应用程序中执行的过程如下：

1. 创建一个 SAX 解析器对象及一个朴素贝叶斯的处理器对象，它们会根据 PMML 模型文件来预测分类。

2. 从输入文件中创建一个 Java 的 RDD。对输入的 RDD 元素进行预处理，以获取到它所包含的子元素，每个子元素都是一个包含输入记录维度的数组。

3. 对 RDD 处理后获得的元素进行遍历，使用步骤 1 中创建的朴素贝叶斯处理器对象来预测它们到底属于哪个分类。同时将预测出的分类记录到输出文件中。

4. 最后，将完成分类过程的时间记录到输出文件里。

Spark 对线性回归的 PMML 支持

线性回归算法使用了监督式学习模型来分析标量变量 y 和

记为 X 的特征值或者说解释变量之间的关系。正如其他回归算法一样，线性回归关注的是对于一个给定的 X 来说，y 的概率分布是什么，而不是 X 和 y 的一个联合分布（这样就是一个多元变量分析了）。人们对线性回归进行了广泛的研究，并将它用于大量的应用中，这主要是因为 y 和特征值的线性关系要比非线性关系更容易建模。线性回归的常见形式可以表示为：

$$y = w0 + w1x1 + w2x2 + \ldots wnxn$$

这里 $w0, \ldots, wi$ 是从训练样本中学习到的权重（参数）。也就是说，$y = w^T x$。它的均方误差可以定义为：

$$Jn = \frac{1}{n} \sum_{i=1..n} (yi - f(xi))2$$

现在的目标就是找到能使误差函数最小化的权值。使用矩阵的形式我们可以得出最终的等式，$w = (X^T X)^{-1} X^T y$。最终而言，线性回归就是要求解一系列的线性方程——这意味着我们可以使用梯度下降法或者数值求值法来进行求解。

实现对线性回归的 PMML 支持的关键在于，在 Spark 中实现线性回归算法。该实现还需要从 PMML 文件中读取出模型参数并进行必要的预处理。在 Spark 中实现线性回归评分的代码如附录 A 中所示。代码省略掉了预处理部分，主要关注于Spark 中评分的环节。上述这些在 Spark 应用程序中执行的过程如下：

1.　从给定的 PMML 输入文件中加载 PMML 模型。这会

初始化一个 `RegressionModelEvaluator` 类型的对象，后续可以用它来进行分类。这个对象本身的初始化就已经完成了算法中的"训练阶段"。

2.　为了测试模型，会从输入文件中创建一个 RDD 对象，它的路径可以由用户来进行指定。

3.　使用 `map()` 方法将生成的 RDD 进行转换，输入行会按","进行分隔以获取记录的独立维度。然后，会根据维度的值来创建一个 HashMap 对象，`RegressionModelEvaluator` 对象的 `evaluate()` 方法会用这个对象来求出分类信息。

4.　在转换之外，在结果 RDD 上应用一个 Spark 动作来获取一个预测列表。

5.　最后，将结果以及完成分类的时间记录到输出文件中。

在 Spark 中使用 MLbase 进行机器学习

MLbase 的主要初衷是希望能让更多的人使用机器学习，包括那些没有很强的分布式系统背景或没有太多实现大规模机器学习算法的编程经验的人。MLbase 使用了 Pig Latin 风格的声明式接口来在数据加载阶段指定机器学习任务，比如说：

```
var X = load("imp_insurance_data", 2 to 15)
var y = load("imp_insurance_data", 1)
var (fn-model, summary) = doClassify(X, y)
```

上述代码展示了如何将一个文件加载到 MLbase 的环境中。它将数据集中的第 2 到 15 列组成了一个特征集，并在下一行代码中将第一列（预测变量）赋值给了变量 y。第三行代码将数据进行了分类，并将该模型作为一个 Scala 函数返回。同时它还会返回模型的摘要及其世系（它的学习过程）。可以看到，这里并没有指定具体使用的分类算法。MLbase 通常会自己选取算法以及参数，同时它还会决定在集群的何处执行以及如何执行。

MLbase 可以看作是一组用于构建新的分布式机器学习算法的原语。当前可用的原语包括梯度下降及随机梯度下降、矩阵分解的分治法（Kraska 等，2013）以及类似于 GraphLab 的图形处理原语（Low 等，2010）。到目前为止，K 均值聚类、LogitBoost 和 SVM 都已经基于这些原语实现了。机器学习的专家还可以用它来详细地分析执行计划，同时调整算法以及参数区间，它非常适合进行实验。

MLbase 是基于主从架构的。用户将请求发送到主机上，主机会解析请求并生成一个逻辑学习计划（LLP）。LLP 是一个工作流，它将 ML 任务以 ML 算法及参数的形式展现出来，同时还包括特定的技术及数据采样策略。随后它会将 LLP 转化成一个物理学习计划（PLP），PLP 由一系列基于 MLbase 原语设计的 ML 操作组成。主机会将 PLP 分发给一系列的从机来执行。

对一个分类任务而言，LLP 会先进行二次采样得到一个较小的数据集，然后它会尝试将不同的 SVM 或者 AdaBoost 技术和正规化等参数进行组合。初步测试完结果的质量后，它才会将 LLP 转换成 PLP，后者会指定一个用于大样本空间上进行训练的合适的算法及参数。

参考文献

Atkinson, Kendall E. 1989. *An Introduction to Numerical Analysis*. John Wiley & Sons, Inc. Hoboken, NJ, USA.

Boswell, Dustin. 2002. "Introduction to Support Vector Machines." Available at http://dustwell.com/PastWork/IntroToSVM.pdf.

Bridgwater, Adrian. 2013. "Scoring Engine Via PMML Makes Hadoop Easier." *Dr. Dobbs Journal*. Available at www.drdobbs. com/open-source/scoring-engine-via-pmml-makes-hadoop-eas/ 240155567.

Brin, Sergey, and Lawrence Page. 1998. "The Anatomy of a Large-Scale Hypertextual Web Search Engine." In *Proceedings of the Seventh International Conference on World Wide Web 7 (WWW7)*. Philip H. Enslow, Jr. and Allen Ellis, eds. Elsevier Science Publishers B. V., Amsterdam, The Netherlands, 107-117.

Crammer, Koby, and Yoram Singer. 2001. "On the Algorithmic Implementation of Multiclass Kernel-based Vector Machines." *Journal of Machine Learning Research* 2:265-292.

Guazzelli, Alex, Kostantinos Stathatos, and Michael Zeller. 2009a. "Efficient Deployment of Predictive Analytics Through Open Standards and Cloud Computing." *SIGKDD Exploration Newsletter* 11(1):32-38.

Guazzelli, Alex, M. Zeller, W. Chen, and G. Williams. 2009b. "PMML: An Open Standard for Sharing Models." *The R Journal* 1(1).

Ghahramani, Zoubin A. 2004. "Unsupervised Learning," *Advanced Lectures on Machine Learning*. Lecture Notes in Computer Science, Editors Bousquet, Olivier, Luxburg, Ulrike, and Rätsch, Gunnar. Springer-Verlag, Heidelberg, 72-112.

Kraska, Tim, Ameet Talwalkar, John Duchi, Rean Griffith, Michael J Franklin, and Michael Jordan. 2013. "MLbase: A Distributed Machine-Learning System." In *Conference on Innovative Data Systems Research*, California. Available at http://www.cidrdb.org/cidr2013/program.html.

Low, Y., J. Gonzalez, A. Kyrola, D. Bickson, C. Guestrin, and J. M. Hellerstein. 2010. "Graphlab: A New Parallel Framework for Machine Learning." In *Proceedings of Uncertainty in Artificial Intelligence (UAI)*. AUAI Press, Corvallis, Oregon, 340-349.

Minka, T. 2003. "A Comparison of Numerical Optimizers for Logistic Regression." *Technical Report*, Dept. of Statistics, Carnegie Mellon University, Pittsburg, USA.

Richardson, Matthew, Amit Prakash, and Eric Brill. 2006. "Beyond PageRank: Machine Learning for Static Ranking." In *Proceedings of the 15th International Conference on World Wide Web (WWW '06)*. ACM, New York, NY, 707-715.

Smola, Alexander J. and S.V.N. Vishwanathan. 2008. *Introduction to Machine Learning*. Cambridge University Press, Cambridge, UK. Available at http://alex.smola.org/drafts/thebook.pdf.

4

实现实时的机器
学习算法

　　本章讨论实时机器学习的概念以及它的动机，随后通过一个实际用例概述构建实时分析系统的挑战——一个互联网流量分类与过滤系统。这里涉及哪些方面是合法侦听——政府部门可能希望基于一些特定的规则侦听、分析、分类、过滤互联网流量。构建这样一个实时的系统就是一项挑战。本章关注的重点在于理解如何基于 Storm 构建这样一个系统，因而本章也从介绍 Storm 开始。（译者注：关于 Storm 的更多介绍请阅读本人翻译的《Storm 入门》。）

Storm 简介

　　之前我们极为简单地介绍过 Storm。现在我们要对它做一个更详细的了解。Storm 是一个复杂事件处理引擎（CEP），最初由 Twitter 实现。在实时计算与分析领域，Storm 正得到日益广泛的应用。Storm 可以辅助基本的流式处理，例如聚合数据流，以及基于数据流的机器学习。通常情况，数据分析（译者注：原文为 prestorage analytics，意义应是保存分析结果之前的分析计算）在 Storm 之上进行，然后把结果保存在 NoSQL 或关系数据库管理系统（RDBMS）。以气象频道为例，使用 Storm 以并行方式处理大数据集并为离线计算持久化它们。

下面是一些公司使用 Storm 的有趣方式：

- Storm 用于持续计算，并把处理过的数据传输给一个可视化引擎。Data Salt，一个先行者，使用 Storm 处理大容量数据源。Twitter 采用相同的方式，将 Storm 作为它的发布者分析产品的基础。

- Groupon 也使用 Storm 实现了低延迟、高吞吐量的数据处理。

- Yahoo 使用 Storm 作为 CEP 每天处理数以亿计的事件。他们还把 Storm 整合进了 Hadoop 2.0 和 Hadoop YARN，以便 Storm 能够弹性地使用集群资源，以及更易于使用 HBase 和 Hadoop 生态系统中的其他组件。

- Infochimps 采用 Storm-Kafka 加强他们的数据交付云服务。

- Storm 还被 Cerner 公司用于医疗领域，用来处理增量

更新，并低延迟地把它们保存在 HBase 中，有效地运
用 Storm 作为流式处理引擎和将 Hadoop 作为批处理
引擎。

- Impetus 将 Storm 与 Kafka 结合，运行机器学习算法，
  探索制造业的故障模式。他们的客户是一家大型的电
  子一站式服务商。他们运行分类算法，依据日志实时
  探测故障、识别故障根源。这是一个更一般的用例：
  日志实时分析。

- Impetus 还利用 Storm 在一个分布式系统中构建实时
  索引。这个系统功能非常强大，因为它的搜索过程几
  乎是瞬时的。

数据流

Storm 的一个基本概念是数据流，它可以被定义为无级的
无界序列。Storm 只提供多种去中心化且容错的数据流转换方
式。流的模式可以指定它的数据类型为以下几种之一：整型、
布尔型、字符串、短整型、长整型、字节、字节数组等。类
OutputFieldsDeclarer 用来指定流的模式。还可以使用用
户自定义的类型，这种情况下，用户可能需要提供自定义序列
化程序。一旦声明了一个数据流，它就有一个 ID，并有一个默
认类型的默认值。

拓扑

在 Storm 内部，数据流的处理由 Storm 拓扑完成。拓扑包含一个 *spout*，数据源；*bolt*，负责处理来自 spout 和其他 bolt 的数据。目前已经有各种 spout，包括从 Kafka 读取数据的 spout（LinkedIn 贡献的分布式发布-订阅系统），Twitter API 的 spout，Kestrel 队列的 spout，甚至还有从像 Oracle 这样的关系数据库读取数据的 spout。spout 可以是可靠的，一旦数据处理失败，它会重新发送数据流。不可靠的 spout 不跟踪流的状态，不会在失败时重新发送数据。spout 类的一个重要方法是 nextTuple——它返回下一条待处理的元组。还有两个方法是 ack 和 fail，分别在流被处理成功或处理不成功时调用。Storm 的每个 spout 必须实现 IRichSpout 接口。spout 可能会分发多个数据流作为输出。

拓扑中的另一个重要的实体是 bolt。bolt 执行数据流转换，包括比如计算、过滤、聚合、连接。一个拓扑可以有多个 bolt，用来完成复杂的转换和聚合。在声明一个 bolt 的输入流时，必须订阅其他组件（要么是 spout，要么是其他 bolt）的特定数据流。通过 InputDeclarer 类和基于数据流组的适当方法可完成订阅，这个方法针对数据流组做了简短说明。

execute 方法是 bolt 的一个重要方法，通过调用它处理数据。它从参数接收一个新的数据流，通过 OutputCollector 分发新的元组。这个方法是线程安全的，这意味着 bolt 可以是多线程的。bolt 必须实现 IBasicBolt 接口，这个接口提供了

`ack` 方法的声明，用来发送确认通知。

Storm 集群

一个 Storm 集群由主节点和从节点构成。主节点通常运行着 Nimbus 守护进程。Storm 已经实现了在 Hadoop YARN 之上运行——它可以请求 YARN 的资源管理器额外启动一个应用主节点的守护进程。Nimbus 守护进程负责在集群中传输代码、分派任务和监控集群健康状态。在 YARN 之上实现的 Storm 可以与 YARN 的资源管理器配合完成监控及分派任务的工作。

每个从节点运行一个叫作 supervisor 的守护进程。这是一个工人进程，负责执行拓扑的一部分工作。一个典型的拓扑由运行在多个集群节点中的进程组成。supervisor 接受主节点分派的任务后启动工人进程处理。

主从节点之间的协调通信由 ZooKeeper 集群完成。（ZooKeeper 是一个 Apache 的分布式协作项目，被广泛应用于诸如 Storm、Hadoop YARN，以及 Kafka 等多个项目中。）集群状态由 ZooKeeper 集群维护，确保集群的可恢复性，故障发生时可选举出新的主节点，并继续执行拓扑。

拓扑本身是由 spout、bolt，以及它们连接在一起的方式构成的图结构。它与 Map-Reduce（MR）任务的主要区别在于，MR 任务是短命的，而 Storm 拓扑一直运行。Storm 提供了杀死与重启拓扑的方法。

简单的实时计算例子

一个 Kafka spout 就是下面展示的样子。

Kafka spout 的 `open()` 方法：

```
public void open(Map conf, TopologyContext context,
SpoutOutputCollector collector) {
    _collector = collector;
    _rand = new Random();
}
```

Kafka spout 的 `nextTuple()` 方法：

```
public void nextTuple() {
  KafkaConsumer consumer = new KafkaConsumer(kafkaServerURL,
  kafkaTopic);
  ArrayList<String> input_data = consumer.getKafkaStreamData();
  while(true) {
  for(String inputTuple: input_data){
    _collector.emit(new Values(inputTuple));
    }
  }
}
```

KafkaConsumer 类来自开源项目 storm-kafka：https://github.com/nathanmarz/storm-contrib/tree/master/storm-kafka。

```
public void prepare(Map stormConf, TopologyContext context) {
//创建输出日志文件，记录输出结果日志

  try {
    String logFileName = logFileLocation;
  // "file"与"outputFile"已作为类属性定义
    file = new FileWriter(logFileName);
    outputFile = new PrintWriter(file);
    outputFile.println("In the prepare() method of bolt");
  } catch (IOException e) {
  System.out.println("An exception has occurred");
  e.printStackTrace();
  }
}
```

```
public void execute(Tuple input, BasicOutputCollector collector)
{
    //从元组取得要处理的字符串
    String inputMsg = input.getString(0);
    inputMsg = inputMsg + "I am a bolt!"
    outputFile.println("接收的消息:" + inputMsg);
    outputFile.flush();
    collector.emit(tuple(inputMsg));
}
```

　　前面创建的 spout 与这个 bolt 连接，这个 bolt 向数据流的字符串域添加一条消息：我是一个 bolt。前文显示的就是这个 bolt 的代码。接下来的代码是构建拓扑的最后一步。它显示了 spout 和 bolt 连接在一起构成拓扑，并运行在集群中。

```
public static void main(String[] args) {
    int numberOfWorkers = 2;
➡ // 拓扑中的工人进程数量
    int numberOfExecutorsSpout = 1;
➡ // spout执行者数量
    int numberOfExecutorsBolt = 1;
➡ // bolt执行者数量
    String nimbusHost = "192.168.0.0";
➡ // Storm集群中运行Nimbus的节点IP
    TopologyBuilder builder = new TopologyBuilder();
    Config conf = new Config();builder.setSpout("spout",
➡new TestSpout(false), numberOfExecutorsSpout);
➡//为拓扑指定 spout
    builder.setBolt("bolt",new TestBolt(),
numberOfExecutorsBolt).shuffleGrouping("spout");
➡//为拓扑指定 bolt

// 启动远程Storm集群的作业配置
    conf.setNumWorkers(numberOfWorkers);
➡ conf.put(Config.NIMBUS_HOST, nimbusHost);
➡ conf.put(Config.NIMBUS_THRIFT_PORT, 6627L);

// 远程Storm集群作业配置
  try {
    StormSubmitter.submitTopology("testing_topology", conf,
```

```
➥builder.createTopology());
  } catch (AlreadyAliveException e) {
    System.out.println("Topology with the Same name is
➥already running on the cluster.");
    e.printStackTrace();
  } catch (InvalidTopologyException e) {
System.out.println("Topology seems to be invalid.");
e.printStackTrace();
 }
}
```

数据流组

　　spout 和 bolt 都可能并行执行多个任务，必须有一种方法指定哪个数据流路由到哪个 spout/bolt。数据流组用来指定一个拓扑内必须遵守的路由过程。下面是 Storm 内建的数据流组。

- **随机数据流组**：随机分发数据流，不过它确保所有任务都可得到相同数量的数据流。

- **域数据流组**：基于元组中域的数据流组。比如，有一个 machine_id 域，拥有相同 machine_id 域的元组由相同的任务处理。

- **全部数据流组**：它向所有任务分发元组——它可能导致处理冲突。

- **直接数据流组**：一种特殊的数据流组，实现动态路由。元组生产者决定哪个消费者应该接收这个元组。可能是基于运行时的任务 ID。bolt 可以通过 TopologyContext 类得到消费者的任务 ID，或通过 OutputCollector 的 emit 方法。

- **本地数据流组**：如果目标 bolt 在相同进程中有一个以上的任务，元组将被随机分配（就像随机数据流组），但是只分配相同进程中的那些任务。

- **全局数据流组**：所有元组到达拥有最小 ID 的 bolt。

- **不分组**：目前与随机数据流组一样。

Storm 的消息处理担保

从 spout 生成的元组能够触发进一步的元组分发，基于拓扑和所应用的转换。这意味着可能是整个消息树。Storm 担保每个元组被完整地处理了——树上的每个节点已被处理过。这一担保不能没有程序员的支持。每当消息树中创建了一个新的节点或者一个节点被处理了，程序员都必须向 Storm 指明。第一点通过锚定实现，也就是将处理完成的元组作为 `OutputCollector` 的 emit 方法的第一个参数。这就保证了消息被锚定到了合适的元组。消息也可以锚定到多个元组，这样就构成了一个消息的有向无环图（DAG），而不只是一棵树。即使在消息的有向无环图存在的情况下，Storm 也可以担保消息处理。

在每条消息被处理后，程序员可通过调用 `ack` 或 `fail` 方法，告诉 Storm 这条消息已被成功处理或处理失败。Storm 会在失败时重新发送数据流——这里满足至少处理一次的语义。Storm 也会在发送数据流时采用超时机制——这是一个 `storm.yaml`

文件的配置参数（config.TOPOLOGY_MESSAGE_TIMEOUT_
SECS）。

在 Storm 内部，有一组 "acker" 任务持续追踪来自每条元
组消息的 DAG。这些任务的数量可通过 storm.yaml 中的
TOPOLOGY_ACKERS 参数设定。在处理大量消息时，可能将不
得不增大这个数字。每个消息元组得到一个 64-bit ID，用于
ackers 追踪。元组的 DAG 状态由一个叫作 ack val 的 64-bit 值
维护，只是简单地把树中每个确认过的 ID 执行异或运算。当
ack val 成为 0 时，acker 任务就认为这棵元组树被完全处理了。

在某些情况下，当性能至关重要，而可靠性又不是问题时，
可靠性也可以被关闭。在这些情况下，程序员可以指定
TOPOLOGY_ACKERS 为 0，并在分发新元组时，不指定输入元
组的非锚定消息（unanchor messages）。这样就跳过了确认消
息，节省了带宽，提高了吞吐量。到目前为止，我们已经讨论
且只讨论了至少处理一次数据流的语义。

仅处理一次数据流的语义可以采用事务性拓扑实现。
Storm 通过为每条元组提供相关联的事务 ID 为数据流处理提供
事务性语义（仅一次，不完全等同于关系数据库的 ACID 语义）。
对于重新发送数据流来说，相同的事务 ID 也会被发送并担保
这个元组不会被重复处理。这方面牵涉对于消息处理的严格顺
序，就像是在处理一个元组。由于这样做效率很低，Storm 允
许批量处理由一个事务 ID 关联的元组。不像早先的情况，程
序不得不将消息锚定到输入元组，事务性拓扑对程序员是透明

的。Storm 内部将元组的处理分为两阶段——第一阶段为处理阶段，可以并行处理多个批次，第二阶段为提交阶段，强制严格按照批次 ID 提交。

事务性拓扑已经过时了——它已被整合进一个叫作 Trident 的更大的框架。Trident 允许对流数据进行查询，包括聚合、连接、分组函数，还有过滤器。Trident 构建于事务性拓扑之上并提供一致的一次性语义。更多关于 Trident 的细节可参考 wiki：https://github.com/nathanmarz/storm/wiki/Trident- tutorial。

基于 Storm 的设计模式

我们将要学习如何实现基于 Storm 的一些通用设计模式。设计模式，我们也称之为软件工程意识，是在给定上下文环境中，针对设计问题的可重用的通常解决方案（Gamma 等，1995）。它们是分布式远程过程调用（DRPC）、持续计算以及机器学习。

分布式远程过程调用

过程调用为单机运行的程序提供了一个传输控制和数据的灵巧机制。把这一概念扩展到分布式系统中，出现了远程过程调用（RPC）——过程调用的概念可以跨越网络边界。客户机发起一次 RPC 时发生了下述事件：

1.　调用环境要么挂起，要么忙等待。

2.　参数被编组并通过网络传输到目的机、服务器或被调用者，也就是程序将要执行的地方。

3.　参数被整理后，程序在远程节点执行。

4.　远程节点的程序执行结束时，结果被传回客户机或源。

5.　客户端程序就像刚从一个本地过程调用返回一样继续执行。

实现 RPC 时要解决的典型问题包括：（1）参数编组与解组，（2）调用语义或在不同地址空间的参数传递语义，（3）在客户端与服务器之间的控制与数据传输协议，还有（4）绑定或如何发现一个服务提供者，以及如何从客户端连接它。

类似 Cedar 系统的这几个问题通过 5 个组件实现：（1）客户端程序，（2）存根或客户端代理，（3）RPC 运行时，后来被称作中间件，（4）服务端存根，还有（5）服务器（以服务的方式提供过程调用）。这一分层模式从用户的通信细节抽象出来。从之前的第二点也可以看出来，客户端存根实现了参数编组，而 RPC 运行时负责向服务器传输请求并收集执行后的结果。服务器存根负责服务端的参数解组以及向 RPC 客户端回传结果。

最早的 RPC 系统包括施乐的 Cedar 系统（Birrell 和 Nelson，1984）；同样来自施乐的 Courier 系统（施乐 1981）；以及由 Barabara Liskov（1979）开发的工作。SunRPC 是广泛被应用的

开源 RPC 系统。它可以构建于 UDP 或 TCP 之上，并提供"至少一次"的语义（程序至少被执行一次）。它还使用 SUN 的外部数据表示（XDR）作为客户端和服务器之间的数据交换格式。它通过一个被称作 port_mapper 的程序绑定，通过 rpcgen 程序生成客户端与服务器存根/代理。

DRPC 提供了一个在 Storm 之上的分布式 RPC 实现。基本概念是高度运算密集型的程序可以从 RPC 的分布式实现中获益，因为计算过程分布到整个 Storm 集群了。集群通过一个 DRPC 服务器协调 DRPC 请求。DRPC 服务器接收来自客户端的 RPC 请求，并把它们分到 Storm 集群，由集群节点并行地执行程序；DRPC 服务器接收来自 Storm 集群的结果，并用它们响应客户端。图 4.1 是一个简单的 DRPC 服务器与 Storm 集群连接示意图。

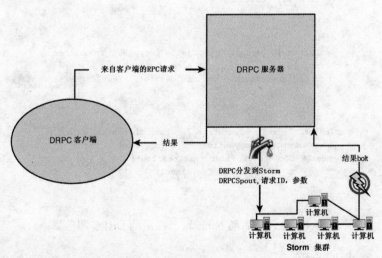

图 4.1　DRPC 服务器与 Storm 集群的连接

实现了 RPC 功能的拓扑使用 DRPCSpout 从 DRPC 服务器拉取函数调用数据流。DRPC 服务器为每一次函数调用提供唯一性 ID，叫作 ReturnResults 的 bolt 连接 DRPC 服务器并为特定的请求 ID 返回结果。DRPC 服务器匹配等待这一结果的客户端请求 ID，解除客户端阻塞，回传结果。

Storm 提供了一个内建类，LinearDRPCTopologyBuilder，自动化大部分前置任务，包括设置 spout，使用 ReturnResults bolt 返回结果，在元组分组之间为 bolt 提供有限的聚合功能。下面是使用这个类的代码片段：

```java
public static class StringReverserBolt extends BaseBasicBolt {
    public void execute(Tuple current_tuple, BasicOutputCollector
collector) {
        String incoming_s = current_tuple.getString(1);
        collector.emit(new Values(current_tuple.getValue(0), new
StringBuffer(incoming_s).
    reverse().toString());
));
    }

    public void declareOutputFields(OutputFieldsDeclarer
declarer) {
        declarer.declare(new Fields("id", "result"));
    }
}

public static void main(String[] args) throws Exception {
    LinearDRPCTopologyBuilder drpc_top = new
➡LinearDRPCTopologyBuilder("exclamation");
    drpc_top .addBolt(new ExclaimBolt(), 3);
    // ...
}
```

Storm 允许像启动 Nimbus 一样启动 DRPC 服务器：

```
bin/storm drpc
```

DRPC 服务器的位置通过参数 `drpc.servers` 在 `storm.yaml` 指定。最终，`stringReverser` DRPC 拓扑可以像任意其他拓扑一样使用下述命令启动：

```
storm jar path/to/allmycode.jar impetus.open.stringReverse
➥stringToBeReversed
```

显然从名字来看，`LinearDRPCTopologyBuilder` 类只有在输入数据是线性步骤/操作序列的情况下工作。对于更复杂的 DRPC 场景 bolt 组合，我们可以使用 `CoordinatedBolt` 类并实现一个自定义的拓扑构建器。

Trident：基于 Storm 的实时聚合

在简要解释之前，Trident 为 Storm 生态系统提供严格的一致性语义，类似于 Pig Latin（译者注：一种操作 Map-Reduce 的语言）。Trident 允许诸如聚合、过滤、连接、分组等数据流操作。下面的代码是使用 `TridentTopology` 的一个简单的例子：

```
TridentTopology topology = new TridentTopology();
TridentState wordCounts =
    topology.newStream("input1", spout)
        .each(new Fields("sentence"), new Split(), new
➥Fields("word"))
        .groupBy(new Fields("word"))
.persistentAggregate(MemcachedState.
➥transactional(serverLocations), nbew Count(), new
➥Fields("count"))
MemcachedState.transactional()
```

上述代码说明了使用 Trident 的精髓——第一行创建拓扑的一个新实例。第二行，调用 `newStream` 方法从名为 `input1`

的 spout 读取数据。这个 spout 我们假设之前已经定义过了，它可以是一个Kafka spout 或者是之前提到过的 Twitter fire hose（译者注：Twitter 对自己的 API 的称呼，这是我根据百度搜索的结果推断出来的）。第三行调用 Split()，把构成句子的单词分割出来，单词计数（单词计数是一个聚合功能）保存在一个 Memcached 域中。

实现基于 Storm 的逻辑回归算法

LogisticRegressionTopology 是基于 Storm 的一个实现了 Mahout 逻辑回归（LR）的 Java 类。这个拓扑采用一个 spout 和一个 bolt 完成分类过程。它需要用户提供模型文件和输入数据文件。模型文件是一个预生成的模型，逻辑回归的一次性训练结果。训练过程通过 Mahout 的 API——org.apache. mahout.classifier.sgd.TrainLogistic 类完成。这是基于 Storm 实现机器学习算法的另外一种方式——再造 Mahout。

Mahout，一个 Apache 项目，一种工作在 Hadoop 集群上的机器学习工具，因而它可以把机器学习算法扩展到大数据集上。Mahout 构建于 Chu 等人（Chu, 2006）的工作之上。Mahout 实现了诸如聚类、协同过滤、分类等机器学习算法。而分类与协同过滤是监督学习，聚合是无监督学习。协同过滤是一项在推荐系统中广泛应用的技术，比如亚马逊的书籍/商品推荐系统，Netflix 的视频推荐系统。它的原理是基于用户和他们评价过的项目之间的相似性。Mahout 通过 Taste 库实现了协同过滤，Taste 库曾是一个独立的项目，后来它被捐献给了 Mahout。Mahout 也提供了聚类算法的实现，包括 k-means、Canopy、Dirichlet，还有 Mean-shift。在分类算法上，Mahout 提供了朴素贝叶斯和互补的朴素贝叶斯分类器。它还提供了逻辑回归的顺序实现和支持向量机（SVM）分类算法。

回到预测模型标记语言（PMML）对 Storm 的支持上来，用来训练模型的命令看起来像下面这个例子。（这个命令只需要执行一次，生成模型文件以后，系统就为预测准备就绪了，而不必再次执行这个命令。）

```
bin/mahout org.apache.mahout.classifier.sgd.TrainLogistic -passes
➡100 --rate 50 --lambda 0.001 --input ~/train_data.csv -features
➡21 --output ~/Model.model --target color --categories
➡2-predictors x y xx xy yy a b c --types n n
```

spout：前面提供的 Kafka spout 可以作为数据源。数据源也可以是一个互联网的 HTTP 数据流，这时就要使用另一个 spout 了。spout 会一个一个地分发元组。

bolt：LRBolt 是一个 Storm 的 bolt，分类记录作为数据流的元组。它从给定的输入文件加载模型和输入记录数据结构，并利用它们做出预测。下面是 bolt 的 prepare() 方法：

```
public void prepare(Map stormConf, TopologyContext context,
    OutputCollector collector) {
  try {
    // 从指定文件加载模型
    lmp = LogisticModelParameters.loadFrom(new File(modelFile));
    // 得到记录工厂
```

```
    csv = lmp.getCsvRecordFactory();
    lr = lmp.createRegression();
    //从CSV文件的第一行得到CSV文件的结构信息
    in = open(structureDeclarationFile);
    csv.firstLine(in.readLine());
    file = new FileWriter(classificationOutputFile +
➥(int)(Math.random() * 100));
    outputFile = new PrintWriter(file);
    cal = Calendar.getInstance();
    cal.getTime();
    startTime = sdf.format(cal.getTime());
    outputFile.println("Bolt has been initialized at: " +
➥startTime);
    outputFile.flush();
} catch (IOException e) {
    e.printStackTrace();
}
}
```

这个 bolt 的 prepare() 方法负责：

* 从指定的模型文件加载模型：

```
lmp = LogisticModelParameters.loadFrom(new
File(modelFile));
```

* 得到记录工厂：

```
csv = lmp.getCsvRecordFactory();
```

* 初始化 org.apache.mahout.classifier.sgd.
  OnlineLogistic-Regression 对象：

```
classifier.sgd.OnlineLogisticRegression:
lr = lmp.createRegression();
```

* 从 CSV 文件的第一行得到文件的结构信息，从这个
  文件中读入数据构造元组：

```
in = open(structureDeclarationFile);
csv.firstLine(in.readLine());
```

下面是execute()方法：

```
public void execute(Tuple input) {
  String line = input.getString(0);

  if(line != null) {
    //为每条记录确定的特征数字创建一个vector对象
    Vector v = new SequentialAccessSparseVector
(lmp.getNumFeatures());
    //处理输入的记录
    int target = csv.processLine(line, v);
    //得到分类结果分数
    double score = lr.classifyScalar(v);
    outputFile.println("Processed msg number: " +
processedMsgCount + " with a target of: " + target + "
and a score of: " + score + " at: " + endTime + "
Start time was: " + startTime);
    outputFile.flush();
  }
}
```

execute()方法为每个元组执行一次。它负责：

- 为每条记录确定的特征数字创建一个 vector 对象：

  ```
  Vector v = new SequentialAccessSparseVector(lmp.
  getNumFeatures());
  ```

- 使用在prepare()方法中创建的CsvRecordFactory
  对象和 vector 对象处理由 line 引用的从元组得到的
  数据：

  ```
  int target = csv.processLine(line, v);
  ```

- 得到分类结果的分数：

  ```
  double score = lr.classifyScalar(v);
  ```

实现基于 Storm 的支持向量机算法

现在我们讲解如何基于 Storm 实现 SVM。SVM 是通过 PMML 实现的——也就是说，我们可以采取任何 PMML 实现 SVM 模型，并在 Storm 上实时地为它打分。我们使用 Java 的 JPMML 库实现串行 SVM。就像之前讲过的，spout 可以是一个 Kafka spout，它从 HTTP 流中读数据，也可是其他任意的 spout。bolt 使用 JPMML 实现 SVM。bolt 实现类 SVMBolt 获取元组数据流，使用 JPMML 的 SupportVectorMachineModelEvaluator 对象作为输入的元组分类。这个对象在 bolt 的 prepare() 方法中初始化，完成初始化只需要在 Storm 拓扑之外的训练阶段生成的模型文件。分类结果可以从 SupportVectorMachineModelEvaluator 对象的 evaluate() 方法的返回值得到。代码如下：

```
public class SVMBolt extends BaseRichBolt {

  /* JPMML的SVM模型评估对象 */
  SupportVectorMachineModelEvaluator eval=null;
  public SVMBolt() { }
  public void prepare(Map stormConf, TopologyContext context,
➡OutputCollector collector) {
    PMML model = null;
    try { //加载PMML
      model = IOUtil.unmarshal(new File("/home/test/svm.pmml"));
    }catch(Exception e) { e.printStackTrace();}
    eval = new SupportVectorMachineModelEvaluator(model);
  }
  public void execute(Tuple input) {
  // 将输入的元组内容赋给一个变量
  String ip = input.getString(0);
  // 用","分割输入的内容
```

```
String[] var = ip.split(",");
      //创建输入参数
HashMap<FieldName, String> params = new HashMap<FieldName,
➥String>();
params.put(new FieldName("Sepal.Length"),var[0]);
params.put(new FieldName("Sepal.Width"),var[1]);
params.put(new FieldName("Petal.Length"),var[2]);
params.put(new FieldName("Petal.Width"),var[3]);
//评估参数，决定类别
System.out.println(eval.evaluate(params));
 }

public void declareOutputFields(OutputFieldsDeclarer declarer)
{
   declarer.declare(new Fields("test"));

 }

}
```

SVMTopology 类连接 spout 和 bolt，初始化它们，收到输入流时打印分类。代码如下：

```
public class SVMTopology {

 public static void main(String[] args) throws
➥AlreadyAliveException, InvalidTopologyException {

 if ( args.length != 5 ) {
   System.err.println("Usage ...pls provide data-file-name
➥no-of-msg-to-emit no-of-spouts no-of-bolts no-of-workers ");
   System.exit(-1);
 }

   TopologyBuilder builder = new TopologyBuilder();
   String kafkaServerConnection = ....
   long numberOfMsgsToEmit = Long.parseLong(args[1]);
   int numberOfSpouts = Integer.parseInt(args[2]);
   int numberOfBolts = Integer.parseInt(args[3]);
   int numberOfWorkers = Integer.parseInt(args[4]);

    builder.setSpout("svmspout", new
➥SVMSpout(kafkaServerConnection,
```

```
➡ numberOfMsgsToEmit), numberOfSpouts);
    builder.setBolt("svmbolt", new SVMBolt(), numberOfBolts
➡ ).shuffleGrouping("svmspout", "someStream");

    Config conf = new Config();
    conf.setNumWorkers(numberOfWorkers);
  conf.put(Config.NIMBUS_HOST, "192.168.145.194");
  conf.put(Config.NIMBUS_THRIFT_PORT, 6627L);

    conf.setDebug(true);

    try {
        StormSubmitter.submitTopology("svmTopology", conf,
➡builder.createTopology());
    }catch (AlreadyAliveException e) {
      System.out.println("已有同名拓扑在集群上运行了");
      e.printStackTrace();
  } catch (InvalidTopologyException e) {
    System.out.println("拓扑似乎无效");
    e.printStackTrace();
  }

  }
}
```

Storm 对朴素贝叶斯 PMML 的支持

我们在第 3 章解释了在 Spark 上支持朴素贝叶斯 PMML。
这一部分与之相似，不过关注的重点在于为 Storm 提供朴素贝
叶斯支持。spout 可以是 Kafka spout，或 Twitter hose spout。我
们假定使用 Kafka spout 来说明为 Storm 提供朴素贝叶斯支持。
代码如下：

我们只需要关注 spout 中的 nextTuple() 方法。

Kafka spout 中的 `nextTuple()` 方法：

```
public void nextTuple() {
  KafkaConsumer consumer = new KafkaConsumer(kafkaServerURL,
➡kafkaTopic);
  ArrayList<String> input_data = consumer.getKafkaStreamData();
  while(true) {
    for(String inputTuple: input_data){
      _collector.emit(new Values(inputTuple));
    }
  }
}
```

`KafkaConsumer` 类来自开源项目 storm-kafka：https://github.com/nathanmarz/storm-contrib/tree/master/storm-kafka。

在这个例子里，bolt 负责大量的朴素贝叶算法的预测/得分。bolt 代码随后呈现。

bolt：`NaiveBayesPMMLBolt` 负责为输入流中的每个元组分组。它创建了一个 SAX Parser 和一个用来做预测分析的朴素贝叶斯处理器对象。预测结果记录到一个用户指定的文件里。

topology：它连接 `KafkaSpout` 和我们实现的 `NaiveBayesPMMLBolt`。使用预定义的命令运行这个拓扑，我们就为朴素贝叶斯 PMML 文件评分。

```
public class NaiveBayesPMMLBolt implements IRichBolt {
private static String pmmlModelFile = "~/naive_bayes.pmml";
private static String targetVariable = "Class";
private static String classificationOutputFile =
➡"~/PredictionResults.txt";
private static Map<String, Float> prior = new HashMap<String,
➡Float>();
private static Map<String, Float> prob_map = new HashMap<String,
➡Float>();
private static List<String> predictors;
private static Set<String> possibleTargets;
```

```java
NaiveBayesHandler hndlr = new NaiveBayesHandler();
public void prepare(Map stormConf, TopologyContext context,
➥OutputCollector collector) {
...
  SAXParserFactory spf = SAXParserFactory.newInstance();
  SAXParser parser = spf.newSAXParser();
  parser.parse(new File(pmmlModelFile), hndlr);
  //为映射功能创建本地final变量
  prior = hndlr.prior;
  prob_map = hndlr.prob_map;
  predictors = hndlr.predictors;
  possibleTargets = hndlr.possibleTargets;
...
  public void execute(Tuple input) {
      String inputRecord = input.getString(0);
      String actualCategory = "", entryList = "";
      //确认记录不是空的，并且不是输入文件的第一行。
      //文件列出了目标名称和预测变量
      if(!inputRecord.isEmpty() &&
➥!inputRecord.contains(targetVariable)) {
          //用这些字符分割字符串: [ \\t\\n\\x0B\\f\\r]
          String[] recordEntries = inputRecord.split("\\s+");
          actualCategory = recordEntries[0];
          //删除本行第一个条目的目标变量值
          recordEntries = (String[]) Arrays.copyOfRange
➥(recordEntries, 1, recordEntries.length);
          for (String entry: recordEntries){
              entryList += (entry.trim() + ",");
          }
      }
      String predictedValue = null;
      if(!actualCategory.isEmpty()) {
          counter++;
          outputFileWriter.append(" Actual Category: " +
➥actualCategory);
          predictedValue = hndlr.predictItNow(entryList, prior,
➥predictors, prob_map, possibleTargets, outputFileWriter);
      }
}


public class NaiveBayesPMMLTopology {

  public static void main(String[] args) throws Exception {
```

.....

```java
    long numberOfMsgsToEmit = Long.parseLong(args[1]);

    int numberOfSpouts = Integer.parseInt(args[2]);
    int numberOfBolts = Integer.parseInt(args[3]);

    int numberOfWorkers = Integer.parseInt(args[4]);

    TopologyBuilder builder = new TopologyBuilder();
    String kafka_Server = "10.1.19.36";
    String  Kafka_Topic = "Internet_Traffic";
    builder.setSpout("spout", new KafkaSpout
➥Kafka_Server, Kakfa_Topic), numberOfSpouts);

    builder.setBolt("bolt", new NaiveBayesPMMLBolt(),
➥numberOfBolts).fieldsGrouping("spout", new Fields("record"));

    Config conf = new Config();

    //启动远程Storm集群作业配置
    conf.setNumOfWorkers(numberOfWorkers);
    conf.put(Config.NIMBUS_HOST, "192.168.145.194");
     conf.put(Config.NIMBUS_THRIFT_PORT, 6627L);

    try {
            StormSubmitter.submitTopology("naive-bayes-pmml-
➥implementation", conf, builder.createTopology());
        } catch (AlreadyAliveException e) {
        System.out.println("已有同名拓扑在运行了");

        e.printStackTrace();
    } catch (InvalidTopologyException e) {
        System.out.println("拓扑似乎无效");
        e.printStackTrace();
    }
    //远程Storm集群作业配置结束

    }
}
```

实时分析的应用

在这一节，我们将看到构建两个应用的步骤：一个是工业日志分类系统，另一个是互联网流量过滤应用。

工业日志分类

随着生产系统的自动化以及电子工程的发展，大量的机器之间（M2M）的数据正在被生成出来。机器之间的数据可以来自多个不同的源头，包括无线传感器、电子消费设备、安全应用，还有智能家居设备。举个例子，2004 年的地震和随后的海啸造就了由海洋传感器构成的海啸预警系统。自 2011 年日本东北地区的地震以来，日本已经沿火车轨道安装了许多传感器，帮助探测不寻常的地震活动以便及时停止火车运行。GE和其他大电子/电气公司拥有大量的车间生产日志和其他 M2M数据。Splunk、Sumo Logic、Logscape，还有 XpoLog 是一些专注于 M2M 数据分析的公司。

这一切是如何组合在一起的：机器对机器的故障分析

这个用例来自电子制造公司。车间里的不同设备，接收输入，执行测试，以非结构化文本形式发送日志，记录测试运行的结果。日志基本上获取了每次测试的参数和它们的值以及输出结果——这么做的意图就是确认测试是通过还是失败。为便于读者理解要处理和分析什么，下面给出日志文件样本。

```
Run 1 cmd 3: voltshow
Starts at 08:32:36 Mar 19 2011 Temp: CPU:+48.50 oC MAC0:+33.0 oC
MAC0:+32.75 oC LPSU:+33.75 oC M&CPU:+33.50 oC RPSU:+30.0 oC
Volt: 0.00: 0.00: 0.00: 0.00: 0.00: 0.00: 0.00: 0.00: 0.00
cmd# 1^x^3^1^1^x^x^x^N^0^08:32:36^0^0.00^0.00^0.00^0.00^0.00
^0.00^0.00^0.=00^0.00

Run 1 cmd 3: voltshow
Ends at 08:32:40 Mar 19 2011 Temp: CPU:+51.0 oC MAC0:+33.75 oC
MAC0:+33.25 oC LPSU:+34.25 oC M&CPU:+33.75 oC RPSU:+30.25 oC
Volt: 0.89: 1.01: 1.33: 1.00: 0.91: 1.83: 2.50: 0.00: 3.30
Run 1 Cmd 3 duration: 00 days:00 hrs:00 min:04 sec
Run 1 Cmd 3
```

识别错误的老办法是把数据传递给一个专家创建的复杂的正则表达式。新方法是用机器学习算法代替正则表达式——由算法学习故障根源的模式。

这个系统的架构如图 4.2 所示。为了便于理解，来自机器的输入数据发布到 Kafka 集群。Kafka 是一个高速分布式发布-订阅系统（Kreps 等，2011）。Kafka 的主要组件是生产者、代理和消费者。它为一个集群中的多代理节点，以及生产者、消费者节点提供了灵活性。生产者向一个主题发布数据。一个名为代理的 Kafka 服务器储存着这些消息，允许消费者订阅并异步消费它们。

Kafka 的一个有趣前提是顺序磁盘访问比重复的随机访问内存更快。这样就允许它们把缓存在内存的数据/消息保存到磁盘，从而容忍故障。如果一个代理（broker）从故障中恢复后，消费者能够继续消费保存在磁盘上的消息。即使消费者崩溃了，它也可以发现、倒带、重新消费数据。这是通过 Kafka 所使用的拉取模型得以实现的，消费者从代理拉取数据——它们可以按照自己的节奏进行。这种模型与其他消费系统有所不同，例如那些基于 JMS 的实现（HornerQ 就是这样一个系统）。在我们的系统中，这很有用，因为消费者是一个 Storm 的 Kafka spout。Kafka spout 只会以 Storm 能够处理的速度消费数据（在它上面运行机器学习算法）。Kafka 也通过无状态的设计提供容错机制——所有的组件只用 ZooKeeper 集群或磁盘维护状态。这样就允许组件从临时故障中恢复。Kafka 还提供数据在集群中的分片选项。

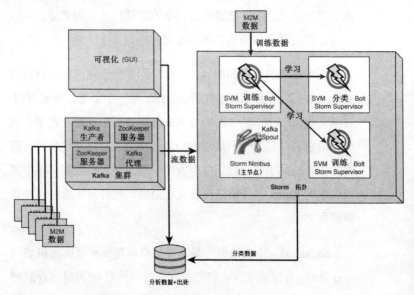

图 4.2　工业日志分类系统架构

　　Kafka 另一个有趣的地方是它的维护消息顺序的能力——在时间敏感的上下文环境中这一点变得很重要。这一点保证了

Storm 不会乱序处理消息——Storm 的 Kafka spout 将会从生产者按顺序接收消息。还可以在生产者和代理之间插入一个负载均衡器，根据负载环境将消息发送给合适的代理。

我们已经为 Storm 实现了一个 Kafka spout，用来消费数据流。这些数据由 Storm bolt 接收并处理。我们为机器学习算法的训练部分实现了一个分离 bolt，以及运行时的分类部分。训练算法是串行的，它的并行化是一个正交问题，现在我们可以忽略它。它必须理解完成了算法学习模式（完成了训练），它就能够用于分类。在线分类算法运行于一个 Storm bolt——我们已经配置了 Storm 为输入流的每个元组使用分离线程。每个元组表示一组从输入流注入的值，这些值将按照"失败的"或"通过的"分类。我们还配置 Storm 以分布式模式运行并确保能够在集群的任意节点上调度每个线程。

机器学习

当前的机器学习（ML）算法实现了最小二乘法（LS）SVM 的二类分类——使用了一个整体上可以扩展为多类的分类。训练阶段的目的是最小化下述标准：

$$L\big(w,b\big) = \sum_{i=1}^{n} \| f(x_i) - y_i \|_2^2 + C \| w \|_2^2$$

数据点的各自类别为 n_1 和 n_2，总数为 $n(=n_1+n_2)$。质心向量表示为 c_1、c_2、c；协方差矩阵为 $\mathbf{S}_{d*d}$；正规化参数记为 C。闭合形式解如下：

标准矢量

$$w = \frac{2n_1 n_2}{n^2} \left(S + \frac{C}{n} I_d \right)^{-1} (c_1 - c_2)$$

偏差为

$$b = \frac{n_1 - n_2}{n} - c^T w$$

标准矢量和偏差是训练向量——那些训练算法的输出以及捕捉模式的训练数据。它们以下列方式用于在线分类器：

$$\text{if } w^T x_{test} + b \geq 0, \ y = +1 \quad (\text{一类})$$

$$\text{if } w^T x_{test} + b < 0, \ y = -1 \quad (\text{其他分类})$$

互联网流量过滤器

这个应用与之前的那个非常相似，因此我们只讨论它的显著特征并给出简要说明，架构如图 4.3 所示。

该架构的突出特性归因于独特的自然语言处理需要（页面可以是英语或其他语言，比如阿拉伯语或印度语），因此必须有一个单独的用作数据修改的 Storm bolt。一个叫作斯坦福自然语言处理工具的开源项目（NLP），可在这里提供帮助，只需要对输入数据格式做一些调整。数据必须被广泛并行化——在实时的机器学习中，必须在精度和吞吐量之间做出权衡。权衡的产生归因于可能为了提高精度而为算法增加的参数，而更多的参数又增加了算法运行时间。因此，为了达到高精度而又不影响系统吞吐量，数据准备时间就要被大幅缩减——又因此，数据修改 bolt 就要做出微调。与之相似，即使分类算法（一种 SVM）也需要并行化并高效实现。

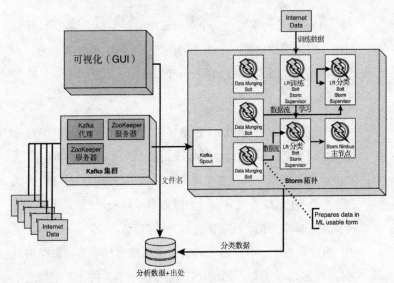

图 4.3 互联网流分类系统架构

Storm 的替代品

能够在运行时实现机器学习算法的分布式流式系统的选择并不多——Hadoop 不合格的原因很简单，它执行分布于内存中的操作很困难。把一个批处理系统改成一个流式处理系统或者把一个单一系统改成一个流处理和批处理兼容的高效系统是一项艰巨的任务。合理的选择只有 Akka、Yahoo 的 S4（Neumeyer 等，2010）和 Storm。这样一个系统的需求如下：

- 长期的数据输出速率高于输入速度。
- 必须在内存中存储队列化的数据。
- 必须允许并行的数据处理。

Akka 尚处于成为一个企业级选择的起步和造势阶段。有趣的是，它率先提出了基于角色的模型（Agha，1986）。然而，就现在而言，相比于 Akka，Storm 似乎更成熟且拥有更多的生产用例。

S4 系统类似于 Akka，也是基于角色的模型实现，但是更加强大而复杂。S4 系统包括处理元素（PE），PE 之间可以通过生产或消费事件实现互相通信，不过不能访问其他 PE 的状态。一个 S4 系统流定义为一个键值对（Storm 流是元组）。PE 消费流计算中间值，还可能会分发输出流。处理节点（PN）是 PE 的逻辑主机。事件由它们的关键属性通过哈希函数路由到 PN。与 Storm 类似，帮助 PE 发送/接收事件的交互层构建于 ZooKeeper 之上。S4 不能处理因故障丢失的消息，因为实现它的假设之一是：因故障丢失的消息是可容忍的。

来自谷歌的 Dremel（Melnik 等，2010）或它的开源实现 Apache Drill 也被称作实时查询系统。读者可能疑惑我们为什么不用它或者不把它与 Storm/S4 比较一番。需要理解的是，Storm/S4 是可能用来实现近实时机器学习算法的流式处理引擎，然而 Dremel 和 Drill 是实时查询系统。如果有运行类 SQL 实时查询功能的系统，Dremel/Drill 就相当合适。Drill 由 MapR 支持。Cloudera 也有它自己的 Dremel 实现，叫作 Impala。

Spark 流

近来，Spark 流（或称作 D-Streams）（Zaharia 等，2012），成为流式处理领域的另一种 Storm 替代品。我们在这一节详细讲述。

D–Streams 的动机

下面是 D-Streams 的三个主要动机。

1. **容错性**：大多数现有的流式处理系统通过完全复制（Balazinska 等，2005）或采用上游备份（Hwang 等，2005）处理失败。复制只能处理一个节点的失效（如果是双向的）或两节点的（如果是三通的），而且有极高的存储要求。它归咎于通过备份节点的状态恢复，上游备份导致系统极慢。

2. **一致性**：归因于分布式系统固有的时钟同步困难，很难维护一个全局的状态视图，因为不同节点处理的数据可能在不同的时间到达。

3. **与批处理整合**：批处理与实时处理的单一视图是理想的，因为流式处理的编程抽象化与之相当不同而且它是基于事件的。很难将历史数据与实时数据连接起来执行联合查询。

D-Streams 定位之前的流式处理的间隙。它基于 Spark 弹性分布式数据集（RDD），将流作为一系列拥有短时间间隔的批量计算。它构建于 Spark RDD 顶层，因此可以在低延迟的情况下工作。同时，基于 Spark 的世系[1]概念实现恢复，因此可以高效地运行于一个分布式集群（并行化的恢复）。它还允许用户即时查询流数据，以及与流相结合的历史数据。

D-Streams 计算子

有如下两类用于构建流式应用的计算子。

无状态计算子：这类计算子在一个单一的时间间隔中工作，不在间隔之间保留状态。在 Spark 中，有效的这类计算子对所有无状态计算都有效，包括映射、分组、化简、连接。下面是一个使用 map 计算子的例子：

```
pageViews = readStream("http://...", "1s")
1_s = pageViews.map(event => (event.url, 1))
No_of_URLs = 1_s.runningReduce((a, b) => a + b)
```

前面的例子展示了如何从 HTTP 流创建一个叫作 pageViews 的数据流。通过 map 计算子，pageViews 流转化成另一个叫作 1_s 的 D-Stream，这个流包含键值对（URL,1）。最后一行使用 runningReduce 计算子执行 URL 计数。

有状态计算子：这类计算子用于多个时间间隔之间的聚

---

[1] 世系是一个有向无环图，它可以捕获一系列数据上的转换，并能够在故障后重建。

合。有如下 4 种有状态计算子。

1. **窗口计算子：**窗口计算子用于从多个时间间隔之间把数据分组到一个单独的 RDD。举个例子，`l_s.window("5s").reduceByKey(_+_)` 在时间间隔（0，5）、（1，6）、（2，7）中间创建了一个新的 URL 计数的 D-Stream。

2. **增量聚合：**这个计算子被称作 `reduceByWindow`。调用 `l_s.reduceByWindow("5s", (a,b)=>a+b)`，为给定时间窗口创建了一个新的 URL 计数器。

3. **时间左偏连接：**通过使用这个计算子，一个流可以与它自己的 RDD 连接，比如有时候需要与它自己的历史趋势进行比较。

4. **输出计算子：**它们辅助流写入外部数据系统。`save` 是这样一个计算子，将流写入 HDFS 文件。`foreach` 是另一个输出计算子，允许为流上的每一个 RDD 执行一段用户代码片段。

参考文献

Agha, Gul. 1986. *Actors: A Model of Concurrent Computation in Distributed Systems*. MIT Press, Cambridge, MA.

Balazinska, Magdalena, Hari Balakrishnan, Samuel Madden, and Michael Stonebraker. 2005. "Fault-tolerance in the Borealis Distributed Stream Processing System." In *Proceedings of the 2005 ACM SIGMOD International Conference on Management of Data (SIGMOD '05)*. ACM, New York, NY, 13-24.

Birrell, Andrew D. and Bruce Jay Nelson. 1984. "Implementing Remote Procedure Calls." *ACM Transactions on Computer Systems* 2(1):39-59.

Chu, C. T., S. K. Kim, Y. A. Lin, Y. Yu, G. R. Bradski, A. Y. Ng, and K. Olukotun. 2006. "Map-Reduce for Machine Learning on Multicore." In NIPS '06, 281-288. MIT Press.

Gamma, Erich, Richard Helm, Ralph Johnson, and John Vlissides. 1995. *Design Patterns: Elements of Reusable Object-Oriented Software*. Addison-Wesley, Boston, USA.

Hwang, Jeong-Hyon, Magdalena Balazinska, Alexander Rasin, Ugur Cetintemel, Michael Stonebraker, and Stan Zdonik. 2005. "High-Availability Algorithms for Distributed Stream Processing." In *Proceedings of the 21st International Conference on Data Engineering (ICDE '05)*. IEEE Computer Society, Washington, DC, 779-790.

Kreps, Jay, Neha Narkhede, and Jun Rao. 2011. "Kafka: A Distributed Messaging System for Log Processing." In *Proceedings of the NetDB*.

Liskov, Barbara. 1979. "Primitives for Distributed Computing." In *Proceedings of the Seventh ACM Symposium on Operating Systems Principles (SOSP '79)*. ACM, New York, NY, 33-42.

Melnik, Sergey, Andrey Gubarev, Jing Jing Long, Geoffrey Romer, Shiva Shivakumar, Matt Tolton, and Theo Vassilakis. 2010. "Dremel: Interactive Analysis of Web-scale Datasets." In *Proceedings of the VLDB Endowment* 3(1-2):330-339.

Neumeyer, Leonardo, Bruce Robbins, Anish Nair, and Anand Kesari. 2010. "S4: Distributed Stream Computing Platform." In *Proceed-*

ings of the 2010 IEEE International Conference on Data Mining Workshops (ICDMW '10). IEEE Computer Society, Washington, DC, 170-177.

Xerox Corporation. 1981. "Courier: The Remote Procedure Call Protocol." Xerox System Integration Standard XSIS-038112, Stamford, Connecticut.

Zaharia, Matei, Tathagata Das, Haoyuan Li, Scott Shenker, and Ion Stoica. 2012. "Discretized Streams: An Efficient and Fault-Tolerant Model for Stream Processing on Large Clusters." In *Proceedings of the 4th USENIX Conference on Hot Topics in Cloud Computing (HotCloud '12)*. USENIX Association, Berkeley, CA, 10-10.

5

图处理范式

正如第 1 章所讲的，"为什么要超越 Hadoop Map-Reduce？"
giant4（图处理）需要专业的处理范式。一个这样的范式是 Leslie
Valiant 提出的（1990）散装同步并行（BSP）。在文献中有许
多 BSP 的实现，谷歌的 Pregel 可谓同类工具的先驱。Apache
Giraph 是与 Pregel 等价的开源实现。Apache Hama 是另一个类
似的项目。我们将从 Pregel 开始考察一些图处理工具。我们先
从一个有关"图处理范式需要什么"的讨论开始。

Facebook 最近开放了一个新的搜索功能（官方说法为图搜
索），这个功能允许用户搜索与他们的社交网络相关的实体。
比如，一个人可以搜索"与我有关的在 Impetus 工作的人"，或
者"有大数据业务的企业家"，或者"在我的社交网络中喜欢
Singham 这部电影的人"。这是一个潜在的强大功能，它需要维
护一个有关人和实体关系的图，正如这篇文章所表达的：
http://spectrum.ieee.org/telecom/internet/the-making-of-facebooks
-graph-search/?utm_source=techalert&utm_medium=email&utm_

campaign=080813。这只是一个简单的处理/分析大型图表型数据的例子。另一个例子是 DBpedia，一个来自维基百科的语义网络——它包含超过 300 万个对象（节点）以及 4 亿事实（边）（Sakr，2013）。

　　像 Neo4j 这样的图数据库系统已经提出了在图上处理事务化的工作负载。它们允许查询、存储和管理图，但是大型图表可能无法保存在内存中，通常的查询模式要求对图的随机访问。这导致了低效的集群节点的扩展性，也限制了 Neo4j 能处理的图的尺寸。这一点应当引起注意，然而，图数据库主要用于在线事务处理场景，而图处理系统定位于在线分析处理场景。

　　Pregel、Giraph 以及 GraphLab 这几款框架最近都在计划填补这一空缺——它们通过一个可伸缩及具备容错能力的节点集群来对那些非常大的图进行处理。

Pregel：基于 BSP 的图处理框架

　　Pregel 是第一个用于图处理的 BSP 实现。它由谷歌构建，用于处理社会关系，及其他图表型数据。Pregel 的主要动机是没有运行于分布式系统之上的可容错的大型图表处理框架。一些早期的系统，例如 LEDA（Mehlhorn 等，1997）和 GraphBase（Knuth，1993）都是单节点实现，限制了可处理的图表规模。另外一些实现，比如 CGMgraph（Chan 等，2005）和 Parallel BGL（Gregor 和 Lumsdaine，2005）（这是一次对 Boost Graph Library

的尝试），工作于一个集群之上并且可能处理大型图表，但是它们不能解决节点/网络失效问题。因此，Pregel 作为一个可扩展、可容错的大型图处理平台出现了。

在图的初始化阶段，Pregel 中的计算包含一个输入阶段；一系列迭代，叫作超步（superstep）；超步的同步屏障。图中的每个顶点都由一个用户定义的计算功能和一个值关联，值可由关联计算功能检查并修改。用户可以覆盖 Vertex 类的 Compute() 方法。Vertext 的其他方法允许计算功能查询/修改它自己的值或与值关联的边或向其他顶点发送消息。Pregel 确保每个超步，也就是用户定义的计算函数，会在每条边上都得到并行地执行。顶点可通过边发送消息，并与其他顶点交换数据。与顶点和边关联的值是贯穿整个超步的唯一状态。这样简化了图的分布与故障处理。还有全局屏障，它会在所有计算终止时向前移动。

所有在超步 t 发送到顶点 v 的消息，当在超步 $t+1$ 调用它的 Compute() 方法时有效。消息在一次迭代中有效，但是无序。唯一可以确定的是，消息不会重复传递。通过使用组合器，消息头可以在一定程度上缓解消息无序问题。用户可以继承 combiner 类，实现虚访问 Combine()。对于交换和联合计算子来说，这很有用，像网页排名这种用例，权重求和就很重要。

Pregel 也有聚合概念，它可以看作是一种全局通信机制。一个顶点在超步 t 发送一个值到聚合计算子。聚合计算子将这个值与来自其他顶点的值聚合，在超步 $t+1$，聚合的结果对所有顶点都有效。min、max 和 sum 都是聚合的示例。

Pregel 还允许拓扑变化，比如，一个集群算法用例，一组顶点可被单节点代替。一个生成树的构造过程可以移除非树边。这样，一个顶点可以请求增加或删除边或其他顶点。

Pregel 已在 Big Table 或谷歌文件系统（GFS）实现。Pregel 基于 hash(ID) mod N 把图分成节点集，*ID* 是顶点的 ID，*N* 是分区数量。架构是主-从模式，任意数量的节点可以主节点执行用户程序副本。工人使用命名服务（基础系统，Big Table 或 GFS）发现主节点并注册到上面。主节点决定分区数量（基于用户定义的参数）并分配一个或多个分区给工人。每个工人负责计算图的一部分，包括执行计算功能、向邻居传递消息。

Pregel 通过检查点实现容错——主节点通知工人保存计算状态——包括顶点和边的值，以及传入的消息。主节点自己在磁盘中保存聚合状态。

类似的做法

类似的还有使用 Hadoop Map-Reduce(MR)的范式处理图。GBASE（Kang 等，2011）还有 Surfer（Chen 等，2010）是两种著名的基于 Hadoop MR 的图处理框架。GBASE 为存储图的同类区域提出了一种新的块压缩方案，它比例如 Gzip 这样的标准压缩技术节省高达 50 倍的空间。GBASE 支持两种图查询方式。

- **全局查询**。一种全图操作——例如网页排名、带重启的随机游走（RWR）、连接组件发现等查询。

- **定向查询**。图子集的操作。GBASE 与 SQL 连接类似，以矩阵向量乘法的方式规划定向查询。

Pegasus（Kang 等，2009）是另一种与 GBASE 类似的尝试——它来自同一个团队。Pegasus 是第一个基于原始矩阵向量乘法实现了全部图操作的系统，叫作 GIM-V，广义迭代矩阵向量乘法。所有前面提到的全局查询，包括网页排名、RWR、连接组件、直径估计，都可以使用 GIM-V 规划。Pegasus 构建于 Hadoop MR，可以从 www.cs.cmu.edu/~pegasus/下载。

Surfer 为巨型图表提出了分区方案——单纯的 HDFS 存储是平的（不能理解图结构）；即使简单图计算任务都会导致高通信量，比如计算两跳邻居。这个分区方案拥有带宽感知，并且定位于云计算，基于云定位机器带宽的变化。Surfer 也提出了原生的传播迭代方案，并且比 MR 原生的图处理更加引人注目。

Stratosphere 是最近发布的一项工作（Ewen 等，2012）。它的主要思想是为已有的数据流系统添加迭代支持。它们区分为两种迭代类型。

- **整体迭代**。在一个新的偏值计算中，下次迭代使用上次迭代的结果，可以选择循环/迭代某些不变数据。在很多机器学习算法中都有这类迭代，例如网页排名和随机梯度下降（SGD），还有一些集群算法，例如 k-means。Spark 这类系统非常适合它们。

- **增量迭代**。每次迭代的结果只有部分与前一次不同。元素之间存在稀疏的计算依赖。比如,连通增量算法,信任传播算法,最短路径算法,等等。GraphLab 这样的系统就很适合它们。

Stratosphere 在单一数据流中为以上两种迭代提供了支持,并且没有太多性能损失。它的性能可以与 Spark、Giraph 在整体迭代和增量迭代上一较高下。

开源的 Pregel 实现

前面引用的 Pregel 相关研究,鼓舞了多家富有创造力的团队提出自己的 Pregel 实现,并把它们开源了出来。(谷歌还没有开源的 Pregel 实现。)这一领域的一些尝试包括 Phoebus、Giraph 以及 GoldenORB。

Giraph

Giraph 可能是最著名的 Pregel 开源实现。它的计算模型为 Pregel 做出了精确描述,Giraph 的计算任务以 Hadoop 作业的方式运行。它们还使用 ZooKeeper,一个应用广泛的分布式协同库,由工作节点选举主节点。图被分割到工作进程之间。主节点精心编排超步的执行,并在没有活动的顶点也没有等待投递的消息时决定作业的终止。ZooKeeper 用于保存集群中的主节点状态,任意工作节点都可在主节点失效时得到新的主节点。主节点故障转移是 Giraph 在 Pregel 之上添加的特性之一。

Giraph 的另一个有趣特性是支持多输入源，包括 HDFS 文件和 Hive 表。Giraph 的 `VertexInputFormat` 类实现了由顶点（和它的有向边）的邻接矩阵形式对图分组。`EdgeInputFormat` 类忽略输入顺序（意味着每条输入的记录是一条边，就像关系输入），与 `VertexValueInputFormat` 结合使用，后者要求读取顶点值。为了从 Hive 表读取数据，相应的类有 `HiveVertexInputFormat` 和 `HiveEdgeInputFormat`。用 `GiraphHiveRunner` 代替 `GiraphRunner`，可更方便地访问 Hive。

计算由执行 `MasterCompute.Compute()` 方法开始，也是超步的第一部分。早期超步的聚合值对每个聚合器都有效，可通过 `getAggregatedValue()` 方法获得。

它的另外一项特性是基于外存的运算能力，意思是 Giraph 能够通过配置使用磁盘存储巨大的图的分区或消息。外存图（使用 `giraph.useOutOfCoreGraph=true`）和外存消息（使用 `giraph.useOutOfCoreMessages=true`）都被 Giraph 支持。生成巨大消息的特定算法可能使用后者，如群体计算；而像信任传播算法可能会使用前者。

下面是用 Giraph 实现的 page rank 算法（Sakr，2013）：

```
public class SimplePageRankVertex extends
Vertex<LongWritable, DoubleWritable, FloatWritable,
➡DoubleWritable> {
  public void compute(Iterator<DoubleWritable>
➡msg_Iterator) {
    if (getSuperstep() >= 1) {
      double my_rank = 0;
      while (msg_Iterator.hasNext()) {
          my_rank += msgIterator.next().get();
      }
     setVertexValue(new DoubleWritable((0.15f /
➡getNumVertices()) + 0.85f * my_rank);
  }
  if (getSuperstep() < 30) {

     long edges = getOutEdgeIterator().size();
     sentMsgToAllEdges(new DoubleWritable(getVertexValue().
➡get() / edges));
  } else {
     voteToHalt();
  }
}
```

GoldenORB

GoldenORB 由得克萨斯州的 Austin 发起，现在由 Ravel
支持。它与 Giraph 类似，也是一个图处理系统的 Pregel 实现。
计算模型与 Giraph 和 Pregel 极为相似。它的类 `OrbRunner` 相
当于 Giraph 的 `GiraphRunner`。

Phoebus

Phoebus 是另一个 Pregel 的开源实现。它用 Erlang 实现——
一种为分布式并行编程创造的声明式函数语言。完全分布式的

Phoebus 安装需要一个分布式文件系统——它被设计为由 HDFS 作为底层文件系统。某种程度上它还是一个未完成的项目，容错、错误处理、工作进程故障，它都还不支持。与之相反，Giraph 已能够支持主节点的故障转移。

Apache Hama

Apache Hama 是一个与 Giraph 类似的开源系统，并且实现了 BSP 范式。它已为线性代数方面的应用做了很多优化。对于非常大的矩阵，当存在故障节点时（Seo 等，2010），Apache Hama 甚至优于消息传递接口（MPI）。

Stanford GPS

斯坦福大学的图形处理系统（GPS）是另一种继 Pregel 之后出现的 BSP 模型的实现。然而，它已经取得了一定的显著成果，与一些早期的 Pregel 类系统形成鲜明对比。GPS 的关键思想之一是基于它的通信模式的动态图分割能力——如果在一些顶点之间消息太多，GPS 会重新组织图分区，并组合这些顶点。它还提供被称为大邻接表分区（LALP）的方案，该方案实现了高度邻接表顶点在集群节点之间的分区。这在某种意义上与 GraphLab 的分区策略类似，然而，有所不同的是，斯坦福大学的 GPS 是基于边切割而不是基于顶点切割。GPS 论文由 Salihoglu 和 Widom（2013）发表，论文展示了动态重分区的性能相当于大数迭代的两倍。GPS 的第三项成果在于新的应用编程接口（API），比如 `master.compute()` 用来表示全局计算，它在每个 BSP 超步启动时执行。`master.compute()` 由主节点调度，还是一类典型的可检查终结迭代条件的 API。这在一些特定的多段图计算中很有用——涉及 BSP 超步的多个阶段——例如查找图的连通分量，查找最大连通分量，以及在这个连通分量中运行一个迭代分割算法。

GraphLab

Pregel，由于是基于 BSP 的，它只适合做某些图运算——那些顶点之间不需要太多通信/交互的情况。网页排名就完美兼容这样的计算模型。然而，它可能不适合处理图着色问题。图着色问题是为图中的顶点寻找合适的颜色，使相似的顶点不会共享相同的颜色。一个简单方案是在每个 BSP 的超步中，给顶点使用它的邻居没有用过的具有最小颜色差的颜色。这一程序可能收敛得很慢，因为两个顶点可能会用到相同的颜色并因此形成循环——这时就需要一些随机性使它们走出僵局。同样的情况也出现在其他一些机器学习算法中，比如置信传播。Gal Elidan（2006）已证明用异步读取代替等待超步完成能够显著加快置信传播算法的收敛速度。这些明显不适合使用 BSP 的图问题促使我们寻找异步方案。

虽然 Pregel 擅长图形并行抽象，容易确保确定性的计算，但是它把数据的移动留给了架构师。更进一步的,像所有的BSP

系统，它忍受着慢作业的诅咒——这意味着即使只有一个单一慢作业（可能是由于负载的波动或其他原因）都能拖慢整个计算过程。一个 BSP 替代方案是 Piccolo（Power 和 Li，2010），这是一个纯异步图处理系统。一个 Piccolo 程序包含可在多台机器间并行运行的用户定义的核心函数，建表用途的控制函数，还有启动与管理核心函数。核心函数访问集群中的分布式共享内存（以键-值表的形式使用 get 和 put 基本操作）。除了共享状态，核心函数不需要任何同步，并且可以并发地执行。这使得性能显著加速，因为避免了同步等待时间。然而，Piccolo 的编程模型是以纯粹异步的极端情况实现这一点的。另外，一些特定的机器学习算法，像 Gibbs 抽样或模拟统计，异步图处理可能会导致不收敛或不稳定（Gonzalez 等，2011）。

这就是 GraphLab 的确切动机（Low 等，2010）——可高效处理巨型图，而不牺牲顶点程序的串行性。GraphLab 的第一版目标是多核处理系统，并设计为共享内存设置。他们还提出一套并发访问模型，为顶点程序提供一系列连续一致性保证。

GraphLab：多核版本

GraphLab 的数据模型包含数据图形和一个共享表，它是一个键与任意数据块的映射。用户可以将顶点和边与参数关联，这一点与 Pregel 有微妙的不同，后者只能将单值与顶点和边关联。我们能够将映射看作一个全局共享状态的数据结构。

用户也可以将两类顶点计算（函数）关联：一类是 update

函数，它是在顶点本地定义的；另一类是作为 reduce 操作的同步机制。我们可以将 update 看作一个 map 函数，而同步机制作为一个 reduce 操作。与 Map-Reduce 范式的重要差异在于，同步机制可能与 update 功能并发执行，而 Map-Reduce 不能。

update 函数是无状态的，并且只在与它的顶点有关联的邻居上操作。邻居是仅有的功能作用域。update 函数的作用域是它的顶点数据、入站和出站的边的数据，以及邻居顶点的数据。同步机制提供全局状态的访问。用户定义键（一条共享表中的记录），提供键的初始化值，并指定 fold 函数、apply 函数和可选的用于并行削减树的 merge 函数。fold 函数用于聚合所有顶点数据，并作为 update 函数遵守相同的一致性规则。merge 函数用于组合多个并行 fold 函数结果。apply 函数可在将键写回共享表之前对它进行调整。对于特定的机器学习算法，同步机制用于检查和探测终止（跟踪收敛）。

GraphLab 为顶点计算支持三种一致性模型。这对于平衡性能和一致性很重要——必须指出的是为了高性能，应该全部并行执行 update 函数。但是这样可能导致更新共享边/顶点冲突。因此，一些更新可能会被延迟，可以说，在邻接顶点之间，会产生无冲突的更新。延迟的精确概念就是它的一致性模型。完全的一致性模型确保执行一个 update 函数时，在这个函数作用域内不会执行其他函数。因此，并行执行 update 函数只会发生在没有共同顶点的邻居之间。边的一致性模型较弱，它只保证不会有其他函数在顶点和邻接边上读取或修改数据。并行执行可以发生在非邻接顶点之间。顶点的一致性模型最弱，允许最大的并行性。它只保证执行 update 函数时没有其他函数在操作顶点数据，甚至允许邻接顶点之间的并行性。

顺序一致性在 update 函数中的定义与它在数据库中的定义相似。一段 GraphLab 程序是顺序一致性的，也就是每批并行执行的 update 函数，也同样存在产生相同结果的顺序执行。可以观察到，完全一致性模型确保其本身的顺序一致性。并行执行的 update 函数修改邻接顶点的数据时，边一致性模型也确保顺序一致性。update 函数只操作顶点各自的数据时，顶点一致性模型同样实现顺序一致性。

调度是 update 函数按特定顺序执行的过程。GraphLab 为可能的情况提供了两种基本调度。同步调度器确保所有顶点同时更新。轮询调度器以最近有效的数据顺序更新顶点。GraphLab 也允许用户使用调度器组的概念自定义调度器。用户只需要指定顶点集合与相应的 update 函数，调度器就可以由 GraphLab 安全地构造出来。调度器集的原理是以有向无环图（DAG）的形式重建调度。使用 *pthreads* 库在多核机器上实现了第一版。

分布式的 GraphLab

GraphLab 的分布式版本最早由 Low 等人于 2010 年提出，它关注的焦点在于使 GraphLab 以分布式的方式工作。我们姑且称它为 DG（分布式的 GraphLab），DG 解决了一些移植到分布式系统的复杂挑战——如何对图进行分区，在分布式环境中的延迟影响下如何确保语义一致性，等等。通过随机哈希或分布式平面图分区技术将图分割成 k 个区（k 比集群中的机器数要大得多）。图的每一个分区都是原子的，并被储存在像 HDFS 这样的分布式文件系统中。一个原子文件由一系列像 AddVertex 和 AddEdge 这样的图生成命令组成。原子也储存幽灵：一组随顶点相关的跨越分区边界的边。一个元图由原子（它们的位置在文件系统里）和一个储存在原子索引文件中的连接信息组成。元图被分割保存于物理机节点的集合中，每个节点从相应的原子文件构造它的本地部分。幽灵也作为分布式缓存条目实例化。缓存一致性通过一种版本控制机制实现。

一个 DG 引擎确保有恰当的一致性模型、调度、执行 update 函数以及同步机制，等等。作为 DG 的一部分，实现了两类引擎：色差引擎与锁定引擎。色差引擎使用图着色实现期望的一致性语义。举个例子，图中一个顶点的着色[1]用于同时执行拥有相同颜色的所有顶点。这种情况发生在一个 BSP 类超步屏障的同步步骤中，称作显色工序。显色工序之后，下一步选取一种不同的颜色，并同时在所有这一颜色的顶点执行。这样确保边一致性语义。顶点一致性模型通过简单地给所有顶点分配相同颜色实现。完全一致性模型通过构造图的第二顺序颜色得到保证。（2 度邻居中没有顶点共享相同的颜色。）

---

[1] 顶点着色是为图中每个顶点分配一种颜色，使邻接顶点拥有不同的颜色。

尽管着色引擎是一种优雅的实现，但是它不灵活，而且要有高效的图着色协议。分布式锁引擎使用锁确保一致性语义。比如，完全一致性语义通过获取中心顶点以及它的单跳邻居的写锁得以保证。顶点一致性语义只要求写锁，而边一致性语义要求相应顶点的写锁以及它的邻接顶点的读锁。由于锁方案容易发生死锁，DG 使用机器 ID 强制规范锁获取顺序，从而避免死锁。此外，DG 使用以下优化策略降低锁开销：

- 缓存幽灵信息，允许访问未修改条目的有效缓存。

- 批量同步/锁定请求，允许机器在作用域内同时请求多个锁。

分布式环境中的另一个问题是 DG 地址必需的容错功能。DG 提供一个异步检查点机制，基于 Chandy-Lamport 算法（Chandy 与 Lamport，1985）。DG 已被确定为是构建 Netflix 电影推荐系统的基于交替最小二乘法的协同过滤器，一个基于多环置信传播和高斯混合模型算法的视频协同切割系统，以及一个基于命名实体识别应用的 CoEM 算法。匹配一个等价的 MPI 实现，与 Hadoop 相比，它们已显示出显著的加速。

PowerGraph

理解图处理抽象的另一种方法为将任意图形计算看作三种可能的阶段/步骤：收集、应用和散射（GAS）。收集阶段是一个顶点收集邻居的信息（比如它们的页面排名），而应用阶段是使用收集阶段获取的数据进行运算的过程，最后的分散阶段是将顶点信息发送给它的邻居（比如它修改后的网页排名）。需要注意的是，Pregel 的超步是在应用阶段之后，而收集阶段采用消息传递（以主消息的组合优化）实现。应用和分散阶段都在用户定义的顶点函数里实现。与此相反，GraphLab 的收集阶段是异步实现——顶点函数可以共享内存形式访问邻居顶点的值。PowerGraph（PG）明确允许用户在顶点程序中定义 GAS 的三个阶段。要重点指出的是，为了效率，在集群节点中顶点程序可以是分布式的。读者心中可能会有这样的疑问，"为什么顶点程序要是分布式的？"

这个问题的答案也为 PG 提供了准确的动机。许多真实场景的图，比如 Facebook/LinkedIn/Twiter 的图，是天然图，并且遵循幂律分布。这意味着有许多顶点只有极少的连接，而很少的另一些顶点拥有众多的连接。在 Twitter 上，受人热捧的高人气账号可能有数以百万的关注者，而一个普通用户可能只有几个人关注（根据这份报告，每个 Twitter 用户的关注者平均数为 208：http://expandedramblings.com/index.php/march-2013-by-the-numbers-a-few-amazing-twitter-stats/#.Ut4RS9K6aIU）幂律分布表现出显著的倾斜，这意味着通常情况下图在网络上的分布方式可能是低效的——计算、通信、存储，对于高度顶点来说可能有很大的开销。注意，这就是我们对这个问题的解答：为什么顶点程序可能不得不分散到整个集群。

PG 的顶点程序应该实现 `GASVertexProgram` 接口，并且明确定义 `gather`、`sum`、`apply` 和 `scatter` 函数。gatter

和 sum 用来收集邻居的信息，类似 map 和 reduce。gather 函数被中央顶点的邻接边集合调用。gather_nbrs 参数决定合适的边——它的取值为 none、in、out 和 all。gather 的结果由一个可替代的关联总计（sum）计算子累加到一个临时累加器，该累加器被传递到应用阶段。apply 函数使用这个累加器计算顶点的值——这个函数的复杂性和累加器的大小决定扩展性。scatter 函数以并行方式在邻接边上调用，由 scatter_nbrs 参数决定，类似 gather_bnrs。

PG 维护着一组活动的顶点，在这些顶点上执行顶点程序。不保证执行顺序，只保证所有顶点程序最终都会执行。这一点允许 PG 平衡确定性和并行性——需要注意的是，完全确定性的程序可以是顺序的，限制并行性，因此是高效的。同步（就像 BSP）和异步执行（就像 GraphLab），PG 都支持。在同步模式下，PG 在所有活动顶点上同步执行顶点程序，程序结束时会遇到一个屏障。同步模式类似于 Pregel 操作而且导致确定性的执行，常常具有有限的效率。在异步模式下，PG 强制顶点程序串行化，不像 Piccolo，后者是纯异步的，可能会导致非确定性。通过引入并行锁概念，PG 解决了 GraphLab 的低效锁定问题。然而，GraphLab 使用迪杰斯特拉算法顺序获取锁，PG 用 Chandy 和 Misra（1984）的算法实现了并行锁定。

PG 的一项重要贡献是分割图的方法。传统上，图分割是基于边切割的，分割程序使顶点均匀地分布在节点中，并使分割的边最少。在天然幂律图上，相对于多级方案，这种方法已表现出相当差的性能（Abou-Rjeili 和 Karypis，2006）。多级方案构造一个原始图的近似版（称作粗糙化过程），这一近似图的尺寸比原始图小得多，然后分割这个小图（即使近似算法也能在小图上工作得很好）。最终阶段是改进阶段，此时，方案被投影到一系列连续的改进。PG 的分割方法将边均匀地分割到结点集（使用一种随机哈希或贪婪算法），允许顶点跨越集群中的机器。边数据仅储存一次，这表示边数据的改变只是本地的。然而，顶点数据的变化则需要在拥有相同顶点数据副本的机器间同步。顶点副本的同步采用主-从方案，以随机分配原则分配的主节点作为协调者，并拥有独占写权限。从节点拥有顶点数据的只读权限。

因而，PG 能够降低分割幂等图的通信、计算的不平衡，而且做得比 GraphLab 和 Pregel 更好。一组由 Elser 和 Montresor（2013）发布的独立性能研究帮助我们评估图处理框架的性能。他们已经在 Apache Hadoop 上基于 Map-Reduce 范式实现了一个 K-核分解问题的分布式解决方案；同时还有以下实现，Stratosphere、Apache Hama、Giraph，还利用 GAS 接口支持GraphLab。结果显示，对于大多数文件的大小，Apache Hadoop实现是最慢的，GraphLab 最快。其他框架（Stratosphere、Apache Hama、Giraph）在两者之间。对于拥有超过十亿顶点的大型图结构，这是如此显而易见的事实。对于小一些的图，Stratosphere是最快的。然而，另外一些需要注意的是，只有 Apache Hadoop的实现支持容错，以及从错误中恢复。在其他框架中，GraphLab和 Stratosphere 支持探测结点故障，但是不能从故障中恢复。我们运行一些实验验证 GraphLab 程序的容错性，发现分布式快照算法可帮助重启计算，但是目前无法自动重启，而不得不借助保存下来的快照手动重启。另一项独立的研究显示，相较于 Giraph 或 Stratosphere 等平台，由于 GraphLab 的单文件图加载过程，它的垂直扩展能力较弱。这项研究发表于 2013 年的 *Super Computing*（Guo 等，2013）。

通过 GraphLab 实现网页排名算法

任何运行在 GraphLab 上的程序都可以下述方式实现：

1. 定义存储在顶点和边的数据。
2. 定义图类型。
3. 加载图。
4. 析构图。
5. 写顶点程序。

下面我们通过一个示例程序——网页排名（PageRank）——了解程序的工作流程。GraphLab 给我们提供了一个名为 `distributed_graph` 的数据结构，它在 Graphlab 命名空间中定义。`graphlab::distributed_graph` 有两个模板参数：

- `VertexData`：存储在顶点的数据类型。

- `EdgeData`：存储在边的数据类型。

具体到我们的网页排名程序，我们将定义一个结构体用来描述一个网页，结构体包含网页评分和网页名称。这个结构体可以作为顶点数据。为了序列化，我们还要包含 `save` 和 `load`

函数:

- save 函数的签名是 *save(graphlab::oarchive&*
  oarc)。这个函数将网页评分和网页名称输出到外部
  归档对象。如果提供了 oarchive 对象的引用，它将
  写到 ostream。

- load 函数的返回类型为 void，save 是它的逆过程。

既然我们不在边上存储任何东西，就可以认为边数据是空
的。

定义了顶点数据和边数据之后，使用 typedef 定义图:

```
typedef graphlab::distributed_graph<web_page,
graphlab::empty> graph_type
```

接下来我们填充这个图。如果认为顶点数据很少，可以使
用硬编码的值。否则，我们可以定义一个行解析器。行解析器
拥有如下签名:

```
bool line_parser(graph_type& graph, const std::string&
filename, const std::string& textline)
```

图以文本文件的形式作为输入提供给这个函数。让我们考
虑一下，首先我们有顶点的唯一标识和网页的名称，后面是链
接到该网页的单独一行。我们将利用 GraphLab 提供的一系列
函数解析每行文本，把它们转化成图的实际形式。这些函数是
add_vertex 和 add_edge:

- add_vertex 在分布式图中定义，以 vertex_id_type&
  vid 和 VertexData 作为参数，创建拥有顶点 id 和顶
  点数据的顶点。每个顶点只被添加一次。该函数返回
  Boolean 类型，如果添加成功，返回 true；否则返回
  -1。vertex_id_type 是顶点标识符类型。

- add_edge 在分布式图中定义，函数签名是 add_edge
  (vertex_id_type source, vertex_id_type target,
  EdgeData& edata)。这个函数创建源和目标之间的
  边。它返回 Boolean 类型。如果成功返回 true，如果
  是一条自引用的边，返回 false（译者注：原文是
  self-edge，意为源和目标是一个顶点），如果我们试
  图创建一个顶点，返回 -1。

定义了解析器，我们要从文件加载图数据。这一步通过下
述函数完成：

```
Graphlab::distributed_graph::load(std::string path, line_
parser_type line_parser)
```

load() 函数假设文件里的每行都是独立的，并把文本行
传到我们定义的行解析器。我们可以在符合每个顶点仅被添加
一次这一约束的前提下多次调用 load() 函数。

顶点程序

顶点程序是 GraphLab 的关键。这是用户定义计算的主要

部分。顶点程序有三个阶段，即收集（G）、应用（A）、散射
（S）。正如 GraphLab 的创始人所讲的，"一个单例的顶点程
序运行在图中的每个顶点上，并可以通过 gather 和 scatter
函数以发送信号的方式与相邻的顶点程序相互作用。"

在收集阶段，顶点程序被顶点的每条邻接边调用。在应用
阶段，gather 返回的值添加到顶点上。最后，散射阶段负责
更新边值，向邻接顶点发送信号，并在缓存开启时更新收集缓
存状态。scatter 函数除了不返回任何值以外，类似于收集
阶段。

回到我们的网页排名程序对这些概念的实现上，我们可以在
一个类里定义这些函数扩展 graphlab::ivertex_program
<graph_type,double(gather 的返回值)>和 graphlab::
IS_POD_ TYPE。

从 Graphlab::IS_POD_TYPE 继承将测试 T 是不是一个
简单旧数据（Plain Old Data，简称 POD）类型并强制序列化器
将继承的类型按 POD 类型处理。

类定义如下：

```
class pagerank_program : public graphlab::ivertex_
program<graph_type, double>, public graphlab::IS_POD_TYPE
```

在这个类里，我们将定义 gather 函数，返回值为 double
类型，参数为 icontext_type 和 vertex_type。

- `icontext_type`：这个类的对象就像顶点程序和 GraphLab 执行环境之间的中介。每个顶点程序的方法以引用形式传递给引擎上下文。这个上下文类似我们之前介绍过的 Spark 上下文，它允许顶点程序访问当前上下文的信息，也可以向其他顶点发送信息。这是一个图类型（graph type）、收集类型（gather type）和消息类型（message type）的模板类。

- `vertex_type`：这是顶点对象，可以访问顶点数据和与该顶点有关的信息。

返回 `gather_type`（在我们的网页排名例子里出现了两次）的 `gather` 函数，拥有一个上下文类型的引用、顶点类型的常量引用和作为参数的边类型的引用。

- `edge_type` 表示图中的一条边，并提供边关联数据的访问，以及边的起点与终点的对象 `distributed:: vertex_type`。
- 上下文，正如讨论过的，通常与引擎互相影响。
- 我们也必须指定要运行计算的顶点。

简而言之，`gather` 函数拥有收集邻接顶点与邻接边的相关信息的责任。

`apply` 函数返回 void 类型，拥有上下文类型、顶点类型和收集类型的引用。这个函数在收集阶段完成时调用。从邻接顶点与邻接边完成信息收集后，`apply` 函数将会使用所有这些顶点数据相关的信息，从而修改顶点数据。

scatter 函数与 gather 函数类似但是不返回任何值（只有这种情况下，网页排名会以异步方式传播）。

下面我们来讨论这些函数在网页排名算法中的具体功能。

收集阶段

对于每个顶点，调用收集阶段用来得到邻接顶点的网页排名信息。既然在计算网页排名的时候我们关注每个页面的入链，我们就只获取入链的网页排名。根据网页排名算法，下面的部分在收集阶段计算。gather 函数将在每个顶点的回边上执行：

```
Vertex v; i=0;
    For each INEDGE E:
        i = i+ (E.Page rank)/E.NUMBER_OF_OUT_EDGES)
    End
```

我们会返回 for 循环内的每次计算结果，引擎会为我们计算总和。

应用阶段

PageRank 公式：v=0.85*acc+0.15。

完成上述计算并更新每个节点的网页排名结果。也就是说，顶点数据被写入了。在收集阶段，gather 函数的返回值被加和起来，而且顶点上的数据在收集阶段得到更新。在这个例子中我们并不真的需要散射阶段。

```
main()
```

完成了所有必要函数的编程工作，我们要在 `main()` 函数中使用 GraphLab API 与 GraphLab 提供的引擎建立联系。

我们不得不初始化分布式通信层。该层的主要意义就是负责 GraphLab 分布式模式的通信。作为使用分布式对象的例子，这里的 dc 是指 `dc.cout()`，它是标准 cout 的封装。

在 `main()` 函数调用加载函数之后，图就构造完成了。在此之后，它不会再有更多变化了。下一步就是我们刚刚创建的图上的网页排名计算。为了执行计算，我们要初始化引擎。

GraphLab 有一个异步一致的引擎和一个同步引擎。全方位帮助用户选择使用哪个引擎，引擎完成初始化之后作为参数传给全方位引擎。全方位引擎是一个以顶点程序作为类型参数的模板类。它的初始化方式如下：

```
graphlab::omni_engine<pagerank_program> engine(dc, graph,
"async")
```

上面的代码表示选择了异步引擎。简单介绍下这个引擎，它异步执行顶点程序，确保邻接顶点从不同时执行。引擎初始化顶点程序和顶点数据，然后引擎依据 CPU 数量创建线程，每个 CPU 核心一个线程，每个线程执行以下任务：

- 从调度器提取下一个任务。我们有许多调度器选项，例如先进先出调度器、多路队列调度器、平均调度器、轮询调度器。

- 在每个顶点上加锁，确保没有邻接顶点同时执行。

- 执行收集阶段。

- 执行应用阶段。

- 执行散射阶段。

- 释放锁。

基于 GraphLab 网页排名算法的全部代码见附录 A。

基于 GraphLab 实现随机梯度下降算法

这篇文档是 sgd.cpp 工作语义的描述，它在 *home_folder_of_graphlab*/toolkits/collobarative_filtering/ 中。让我们思考一下这个问题：$Q(x) = \Sigma Qi(x)$。这里的 Q 是一个目标函数拥有的功能总和，每一项又完全依赖于第 i 个训练数据集的观察。

考虑到风险最小化的问题。这里的 $Qi(x)$ 对应第 i 个观察的损失函数（loss function）。$Q(x)$ 是需要最小化的经验风险。为了优化经验风险，我们使用一阶优化算法，也就是梯度下降。对于随机梯度算法，$Q(x)$ 在单一样本中是近似的，

$$x := x - \gamma \nabla Qi(x)$$

此处 γ 是学习速率（learning rate）.

当我们向算法提供训练数据时，就迭代每一个数据集。

实现

我们将按照与实现 SGD 相同的方法。

在这个程序中，我们需要使用 Eigen 库进行矩阵与向量的计算。在我们构造的这个图中，使用 Eigen 库的 VectorXd 类型的向量定义了顶点数据。输入矩阵的每行每列对应不同的顶点。

我们的问题是预测某部电影的上座率。输入数据的类型是 Train、Validate、Predict。每个向量由一个参数向量表示。我们不得不找出这些潜在的参数——换句话说，我们不得不找出要最小化经验损失的每个 x（前面描述过的）。

顶点数据由结构化的可能会使用的潜在特定常数组成——一个特定的顶点是一个潜在参数向量。该结构还包括一个随机化顶点数据的构造函数和一些用于从二进制存档文件加载、保存数据的函数。

结构体 edge_data 保存着矩阵条目和最近的错误预测。一个枚举类型定义了边上的数据类型。定义了边数据和顶点数据之后，现在我们可以定义图了。

现在我们讨论一下解析函数，该函数在分布式图构造中返回 Boolean 类型。它持有图的类型、字符串常量引用，还有作为输入参数的常量引用。这个函数首先检查数据的作用，包括：
训练（Train）、验证（Validate）、预测（Predict）。创建一个
字符串流逐行解析，同时初始化源和目标的 vertex_
id_type。预测成功率初始化为 0。对于训练与验证数据集的
预测值被读出；而对于预测数据集，该步骤是禁止的。解析成
功，返回 true。

为了成功实现这个算法，我们还需要定义以下一些函数。

- get_other_vertex()返回 graph_type::vertex_
  type 的类型，edge_type 和 vertex_ type 的引用
  作为参数。提供一个顶点和一条边，函数返回这条边
  的另一个顶点。

- extract_12_error()返回 double，edge_type
  的引用作为参数。它计算有这个年龄的错误信息（译
  者注：此处的意思应该是计算预测失败达到函数名中
  的 12 次时的错误信息）。

接下来我们要定义类 gather_type，该类的构造器初始
化潜在参数向量。我们也定义 save 和 load 函数，用来从二
进制存档文件保存和读取值。我们还重载运算符+=，重载后的
运算符一直持有同一对象的引用作为参数，它基本是增加该对
象中存在的向量。

学习了前面的知识之后，我们现在可以讨论顶点程序了。
顶点程序前面已经解释过了，正如之前解释的类 sgd_

vertex_program 扩展了 graphlab::ivertex_program
<graph_type, gather_type, message_type>，其中
message_type 定义为 vec_type，是一个 Eigen 向量。

我们将要定义收敛容差（convergence tolerance）、lambda、
gamma、MAXVAL 还有 MINVAL 等静态 double 类型的变量。
MINVAL 和 MAXVAL 确定预测值的范围，gamma 是学习速率，
lambda 用于梯度变化的计算，收敛容差是收敛标准。

我们还定义了 gather_edges 函数，返回 gather_type，
以上下文引用和顶点类型的常量引用作为参数。返回一个特定
顶点的所有边。

收集阶段

函数 gather 实现了收集阶段，该函数持有上下文类型和
边类型的引用，还有顶点类型的常量引用。在这一阶段，我们
需要一个特定用户节点，并得到副本项节点。我们根据用户与
副本项节点的点积做出预测。错误的计算在预测值和边值之间。

定义了一个 init 函数用来储存一个项目节点梯度的变
化，该变化将在 apply() 函数中用到。

应用阶段

对于训练数据，我们将在此更新线性模型。

更新是我们计算/改变用户节点与项目节点梯度的意义。对
于用户节点，我们将使用在收集阶段计算的梯度更新的累加和

更新梯度，而对于项目节点，我们将使用从 `init` 函数接收的总和更新。

散射阶段

在散射阶段，我们想重新调度邻居。为了做到这一点，我们将定义一个函数，该函数返回所有在上下文类型中存在的顶点的边。基于这一期望，我们就要讨论一下在 `graphlab:: icontext` 定义的 `signal` 函数。这个函数向一个顶点发送拥有特定消息的信号。`signal` 函数用于通知邻居节点，它担保那些节点上将来的计算。（举个例子，当前节点的网页排名有显著变化时，它的邻居也要重新计算。）在 SGD 顶点程序中，我们还有一个向二分功能（bipartite function）某一边的所有顶点发送信号的函数。

`main()`

`main()` 函数使用的 GraphLab API 与网页排名算法中的类似。

完整的 SGD 代码参见附录 A。

参考文献

Abou-Rjeili, Amine, and George Karypis. 2006. "Multilevel Algorithms for Partitioning Power-Law Graphs." In *Proceedings of the 20th International Conference on Parallel and Distributed Processing (IPDPS '06)*. IEEE Computer Society, Washington, DC, 124-124.

Chan, Albert, Frank K. H. A. Dehne, and Ryan Taylor. 2005. "CGM-GRAPH/CGMLIB: Implementing and Testing CGM Graph Algorithms on PC Clusters and Shared Memory Machines." *IJHPCA* 19(1):81-97.

Chandy, K. M., and J. Misra. 1984. "The Drinking Philosophers Problem." *ACM Transactions on Programming Languages and Systems* 6(4):632-646.

Chandy, K. Mani, and Leslie Lamport. 1985. "Distributed Snapshots: Determining Global States of Distributed Systems." *ACM Transactions on Computer Systems* 3(1):63-75.

Chen, Rishan, Xuetian Weng, Bingsheng He, and Mao Yang. 2010. "Large Graph Processing in the Cloud." In *Proceedings of the 2010 ACM SIGMOD International Conference on Management of Data (SIGMOD '10)*. ACM, New York, NY, 1123-1126.

Dijkstra, Edsger W. 2002. "Hierarchical Ordering of Sequential Processes." In *The Origin of Concurrent Programming*. Per Brinch Hansen, ed. Springer-Verlag New York, Inc., New York, NY, 198-227.

Elidan, Gal. 2006. "Residual Belief Propagation: Informed Scheduling for Asynchronous Message Passing." In *Proceedings of the Twenty-Second Conference on Uncertainty in Artificial Intelligence*. AUAI Press, Arlington, Virginia.

Elser, Benedikt, and Alberto Montresor. 2013. "An Evaluation Study of BigData Frameworks for Graph Processing." IEEE BigData Conference 2013, Santa Clara, California. IEEE, Washington, DC, 60-67.

Ewen, Stephan, Kostas Tzoumas, Moritz Kaufmann, and Volker Markl. 2012. "Spinning Fast Iterative Data Flows." *Proc. VLDB Endow* 5(11):1268-1279.

Gonzalez, J., Y. Low, A. Gretton, and C. Guestrin. 2011. "Parallel Gibbs Sampling: From Colored Fields to Thin Junction Trees." In *Fourteenth International Conference on Artificial Intelligence and Statistics*, Fort Lauderdale, FL. *JMLR* 15:324-332.

Gregor, Douglas, and Andrew Lumsdaine. 2005. "The Parallel BGL: A Generic Library for Distributed Graph Computations." In *Proceedings of Parallel Object-Oriented Scientific Computing (POOSC)*.

Guo, Yong, Marcin Biczak, Ana Lucia Varbanescu, Alexandru Iosup, Claudio Martella, and Theodore L. Willke. 2013. "Towards Benchmarking Graph-Processing Platforms." Poster, *Super Computing 2013*, Denver, Colarado. Available at http://sc13.supercomputing.org/sites/default/files/PostersArchive/tech_posters/post152s2-file2.pdf.

Kang, U., Charalampos E. Tsourakakis, and Christos Faloutsos. 2009. "PEGASUS: A Peta-Scale Graph Mining System Implementation and Observations." In *Proceedings of the 2009 Ninth IEEE International Conference on Data Mining (ICDM '09)*. IEEE Computer Society, Washington, DC, 229-238.

Kang, U., Hanghang Tong, Jimeng Sun, Ching-Yung Lin, and Christos Faloutsos. 2011. "GBASE: A Scalable and General Graph Management System." In *Proceedings of the 17th ACM SIGKDD International Conference on Knowledge Discovery and Data Mining (KDD '11)*. ACM, New York, NY, 1091-1099.

Knuth, Donald E. 1993. *The Stanford Graphbase: A Platform for Combinatorial Computing*. ACM, New York, NY.

Low, Y., J. Gonzalez, A. Kyrola, D. Bickson, C. Guestrin, and J. M. Hellerstein. 2010. "GraphLab: A New Parallel Framework for Machine Learning." In *Proceedings of Uncertainty in Artificial Intelligence (UAI)*. AUAI Press, Corvallis, Oregon, 340-349.

Mehlhorn, Kurt, Stefan Näher, and Christian Uhrig. 1997. "The LEDA Platform of Combinatorial and Geometric Computing." In *Proceedings of the 24th International Colloquium on Automata, Languages and Programming (ICALP '97)*. Pierpaolo Degano, Roberto Gorrieri, and Alberto Marchetti-Spaccamela, eds. Springer-Verlag, London, UK, 7-16.

Montresor, Alberto, Francesco De Pellegrini, and Daniele Miorandi. 2011. "Distributed k-Core Decomposition." In *Proceedings of the 30th Annual ACM SIGACT-SIGOPS Symposium on Principles of Distributed Computing (PODC '11)*. ACM, New York, NY, 207-208.

Power, Russell, and Jinyang Li. 2010. "Piccolo: Building Fast, Distributed Programs with Partitioned Tables." In *Proceedings of the 9th USENIX Conference on Operating Systems Design and Implementation (OSDI '10)*. USENIX Association, Berkeley, CA, 1-14.

Sakr, Sherif. 2013. "Processing Large-Scale Graph Data: A Guide to Current Technology." IBM Developerworks.

Salihoglu, Semih, and Jennifer Widom. 2013. "GPS: A Graph Processing System." In *Proceedings of the 25th International Conference on Scientific and Statistical Database Management (SSDBM)*. Alex Szalay, Tamas Budavari, Magdalena Balazinska, Alexandra Meliou, and Ahmet Sacan, eds. ACM, New York, NY, Article 22, 12 pages.

Seo, Sangwon, Edward J. Yoon, Jaehong Kim, Seongwook Jin, Jin-Soo Kim, and Seungryoul Maeng. 2010. "HAMA: An Efficient Matrix Computation with the MapReduce Framework." In *Proceedings of the 2010 IEEE Second International Conference on Cloud Computing Technology and Science (CLOUDCOM '10)*. IEEE Computer Society, Washington, DC, 721-726.

Valiant, Leslie G. 1990. "A Bridging Model for Parallel Computation." *Communications of the ACM* 33(8):103-111.

6

结论：超越 Hadoop Map–Reduce 的大数据分析

随着 Hadoop 2.0 的到来——被称作 YARN 的 Hadoop 新版本——超越 Map-Reduce 的思想已经稳固下来。就像本章要解释的，Hadoop YARN 将资源调度从 MR 范式分离出来。需要注意的是，在 Hadoop 1.0 中，Hadoop 第一代，调度功能是与 Map-Reduce 范式绑定在一起的，这意味着在 HDFS 上唯一的处理方式就是 Map-Reduce 或它的业务流程。这一点已在 YARN 中得到解决，它使得 HDFS 数据可以使用非 Map-Reduce 范式处理。其含义是，从事实上确认了 Map-Reduce 不是唯一的大数据分析范式，这也是本书的中心思想。

Hadoop YARN 允许企业将数据存储在 HDFS，并使用专业框架以多种方式处理数据。比如，Spark 可以借助 HDFS 上的数据迭代运行机器学习算法。（Spark 已重构为工作在 YARN 之

上，感谢 Yahoo 的创新精神），还有 GraphLab/Giraph 可以借助
这些数据用来运行基于图的算法。显而易见的事实是，主要的
Hadoop 发行版已宣布支持 Spark（Cloudera 的）、Storm
（Hortonworks 的），还有 Giraph（Hortonworkds 的）。所有的
一切，本书一直主张的超越 Hadoop Map-Reduce 的思想已通过
Hadoop YARN 得到了验证。

本章概述了 Hadoop YARN 以及不同的框架（Spark/
GraphLab/Storm）如何在它上面工作。还强调了一些大数据方
面新兴的研究领域，以及向世界开放的大数据分析技术。

Hadoop YARN 概览

Hadoop YARN 的基本架构是从 Map-Reduce 框架中分离了
资源调度，而这二者在 Hadoop 1.0 中是捆绑在一起的。我们首
先概述一下 Hadoop YARN 的动机，然后再讨论一些 YARN 的
有趣方面。

Hadoop YARN 的动机

Hadoop 的普及导致它被应用于各种情况，即使最初它并不
是为之设计的。一个例子就是开发者只使用映射作业随意产生
工作进程，而没有化简阶段，Map-Reduce 范式没有被恰当地使
用。这些随意的进程可以是 Web 服务或迭代工作负载的成组调

度计算，与消息传递接口（MPI）的成组调度作业类似（Bouteiller 等，2004）。这种情况引发了一系列讨论 Hadoop Map-Reduce 局限性的论文。比如，MapScale 或 SciCloud 谈到 Hadoop 不适合做迭代计算。Hadoop 1.0 的限制主要在于以下方面。

- **扩展性**：没有简单的内建方法为两个不同的 Hadoop 集群交互/共享资源或作业。这个问题为一些部署带来了困难，例如在 Yahoo，运行着几千个节点的 Hadoop。大型 Hadoop 集群有其局限性，比如调度方案在扩展性上的局限和单点故障问题。

- **地方性意识**：就近计算很重要，换句话说，最好在拥有数据副本的节点上启动映射/化简。比如，Yahoo 为多租户集群使用的平台，在 JobTracker 调用时，只会返回相关数据的一个小子集。大多数读取是远程的，造成了性能损失。

- **集群效用**：通过 Pig/Hive 构建的工作流可能会在集群中执行时导致有向无环图（DAG）。缺乏动态调整集群规模的能力（当 DAG 出现时调整），也导致利用率不佳。

- **Map-Reduce 编程模型的局限性**：这是 Hadoop 跨企业应用的主要障碍。Map-Reduce 模型不适合做迭代式机器学习运算，而这类计算可能要求解决前文所述的三座大山（广义的多体问题）和五项优化。即使大型图处理问题与 Map-Reduce 也不是天作之合。不同类型的处理过程对数据的要求是显而易见的，这就是

Hadoop YARN 的主要推动因素。

作为资源调度器的 YARN

　　YARN 对范式的根本转变是将资源管理从面向具体应用的处理与执行中分离出来。这两个功能的重要组件是资源管理（RM）和应用主机（Application Masteer，AM）。RM 是将集群资源视作统一的视图，并与之一起的整体调度；它还负责全局调度。AM 根据相关作业执行情况为 RM 负责具体作业资源征用。

　　AM 向 RM 发送资源请求。RM 用一个租约授权应答，并为 AM 申请一个容器（绑定到一个特定节点上的逻辑资源分组）。资源请求（ResourceRequest 类）包含容器数量、每个容器的大小（4GB 内存和两核 CPU）、位置参数，以及应用中的请求优先级。AM 创建执行计划，基于它从 RM 收到的容器集更新。AM 通过节点管理器（NM）（驻留在集群的每个节点上）发送给 RM 的消息获取节点中的容器状态，RM 又把消息传播给各个 AM。基于这些状态，AM 能够重启失败任务。AM 注册到 RM 并定期向 RM 发送心跳。它在这些消息里带着它的资源请求。

　　RM 负责客户端应用的提交，拥有集群的完整视图，为 AM 分配资源，通过 NM 监控集群。它通过 NM 的心跳获取有效资源。借助这个集群的全局视图，RM 满足公平性和活跃度等调度属性，负责为更好的集群效用提供支持。RM 向 AM 发送容器以及访问这些容器的令牌。RM 也可以从 AM 请求资源（在集群过载的情况下）——AM 可以为这些请求生产一些容器。

NM 注册到 RM，并持续发送心跳消息。它通过心跳消息向 RM 发送节点上的有效资源，比如 CPU、内存，诸如此类。NM 还负责容器租约、监控、管理容器执行。容器由容器启动上下文描述（CLC）——上下文包括执行启动的命令、安全令牌、依赖（可执行文件、压缩包）、环境变量，等等。NM 可能会杀死容器，比如在容器租约结束时，即使调度器决定取消它也会如此。NM 还监控节点健康状况，并在发现节点有任何硬件或软件问题时修改它的状态为不健康。

YARN 上的其他框架

整体 YARN 架构如图 6.1 所示。这张图清晰地验证了本书要阐释的超越 Hadoop Map-Reduce 的思想。存储在 HDFS 的数据可以用多种方式，通过不同的框架处理，而不只是 Hadoop Map-Reduce（还有 Pig 和 Hive）。举个例子，Hortonworks 已宣布支持基于 Storm 的流式处理——这意味着当数据以流的方式到达时，它可以通过 Storm 处理并储存在 HDFS 以备历史分析。类似的，Tez 这样的开源平台可以用来做 HDFS 数据的交互式查询处理。

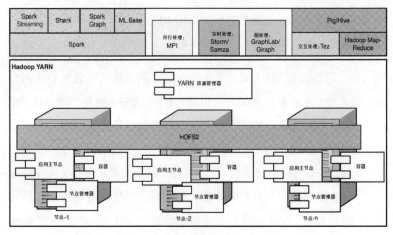

图 6.1　Hadoop YARN 架构：不同框架处理 HDFS 数据

　　Tez 是新的 Hadoop YARN 生态系统平台之一——它拥有执行有向无环图的能力，这样的图可以是一个数据流图，以顶点表示数据的处理，以边表示数据的流向。查询计划由 Hive 和 Pig 生成，比如，可以有向无环图的形式浏览。有向无环图通过 Tez 应用编程接口构建。（Tez API 允许用户指定有向无环图、顶点计算，以及边。它还支持有向无环图的动态识别。）

　　另一种处理可能是迭代式机器学习——Spark 是一个理想选择，如同本书所展示的。它适合应用于 YARN，因为 Spark 已有运行于 Hadoop YARN 之上的发布版。整个 Spark 生态系统——包含 Spark Streaming 和 Shark——都可以处理储存在 HDFS 的数据。

　　图处理框架也能够处理 HDFS 的数据——Giraph（由 Hortonworks 支持）和 GraphLab 是不错的选择。（GraphLab 团

队正在开发对 Hadoop YARN 的支持。）来自 Spark 生态系统的 GraphX 是这一领域的另一种选择。

大数据分析的未来是怎样的

本节探讨未来的大数据分析的技术前景。

要探讨的一件有趣的事情是在 Apache Tez 之上实现机器学习算法。这里要解决的问题在于是否存在帮助实现迭代式机器学习的有向无环图执行器。主要的挑战是停止/结束条件不能是静态的，而只能在运行时。这一点已在最近由 Eurosys 提出的 Optimus 系统（Ke 等，2013）中探讨过，该系统提供了一个在 DryadLINQ 上实现机器学习算法的途径。

另一件需要引起注意的有趣工作是来自斯坦福大学的 Forge 系统（Sujeeth 等，2013）。Forge 提供了一种领域特定元语言（DSL），该语言允许用户为不同领域指定 DSL。DSL 概念（Chafi 等，2011）的引入可作为分布式系统的替代手段——这是从程序员以及高效实现的领悟中抽象出来的。Forge 也有为机器学习提供的特定 DSL，称作 OptiML。Forge 既有单纯的 Scala 实现（用于原型机）也有高效并行的分布式实现，后者可以部署在集群环境（用于生产环境）。Forge 使用 Delite 框架（Brown 等，2011）实现了后者的一部分。性能测试显示，由 Forge 在集群节点上自动生成的分布式实现相当于用 Spark 实现的等价功能的 40 倍性能，它也表达了 Spark 仍然有优化的可能性——这一点值得做更进一步的探讨。

大数据方面的深度学习仍然是这一领域的圣杯。近期来自谷歌的论文显示已取得一定进展（Dean 等，2012）。这篇论文展示了两种训练算法，多点同时随机梯度下降算法和集群多节点 L-BGFS，用于训练深度神经网络。核心思想是共享参数服务器用于多模型副本并行训练。尽管参数服务器在训练时是共享的，分片本身也会成为单点故障。一个可能的改进是在它们之间覆盖网络，作为通信的对等集合查看参数服务器，就像 OpenDHT 或 Pastry。这样参数服务器就实现了容错，甚至提升了性能。

使用前面章节介绍过的七大任务的目的是需要描述为机器学习这类计算并识别在大数据世界里当前实现的差距。就任务 6、7 的实现而言，它们之间在集成方面就有差距（在处理数据方面的整合工作上），可能要求马尔科夫链的蒙特卡罗（MCMC）实现，正如在第 1 章解释过的。MCMC 在 Hadoop 上是出名的难以实现。Spark 可能是最理想的。类似的，任务 7（比对问题）可能要求隐马尔科夫模型（HMM）实现，这一点就是另一个领域的讨论了——实现了隐马尔科夫模型的大数据。应用包括图像的重复数据删除（比如，在 Aadhaar 工程中——印度的身份项目，要求从存储的数以亿计的图像中找出重复的照片）。

D-wave 量子计算机已被安装在量子人工智能（AI）实验室（由 NASA、谷歌，以及大学空间研究协会联合运行）。这

一举措的根本目的是用量子方法探讨难以解决的问题（任务
5）。谷歌还聘请了一些人工智能研究人员，比如 Ray Kurzweil。
这一系列的举措的圣杯是量子机器学习，可能会有人使用这一
术语。而它已被麻省理工学院的 Seth Lyod 在量子计算国际会
议中提出（ICQT 2013：http://icqt.org/conference/）。他的工作
是使用量子比特检索（Qbit，量子比特）。在大数据集环境下它
可以快速给出结果，同时又抛出了另外的有趣问题：隐私。量
子比特不能在传输过程中窥探——窥探会影响量子比特状态。
当然这是一个值得深入探索的领域。

　　分析领域的另一项有趣进展是基于磁盘的单节点分析——
与云/分布式的趋势背道而驰。由 GraphLab 的创建者发表的
GraphChi 的论文（Kyrola 等，2012）提出了例证。GraphChi
提供了一种处理磁盘上的大型图的机制。对于 Twitter-2010 图
型的三角形计数，它们表现为单节点低于 90 分钟的性能，而
相同功能的 Hadoop 实现却要在一个分布式环境下的 1400 个工
作进程花费 400 分钟。GraphChi 采用一系列外存算法和并行滑
动窗口的方式异步处理磁盘上的大型图。2013 年 10 月，在纽
约的一次 Strata 会议中，Sisense，一家小的初创公司，展示了
他单节点 10 秒钟内处理 10TB 数据的能力，而全部花费不到
10,000 美元（www.marketwired.com/press-release/-1761584.htm）。
探索 GraphChi 在分布式环境中的应用会很有趣——它可能会
提供快速处理巨型图的能力。

　　另一个有趣的趋势是大数据、移动设备和云端在物联网
（IoT）的支持下的整合。对于大数据架构/研究，这里蕴藏着

巨大的机遇，因为通过物联网有更多来自用户的有效数据，同时还提供了数据分析的温床。通过云端的大量大数据平台，云端已与大数据做了很大程度上的整合。IoT 与大数据云的整合可能是一个可预见的趋势。

参考文献

Bouteiller, Aurelien, Hinde-Lilia Bouziane, Thomas Herault, Pierre Lemarinier, and Franck Cappello. 2004. "Hybrid Preemptive Scheduling of MPI Applications on the Grids." In *Proceedings of the 5th IEEE/ACM International Workshop on Grid Computing (GRID '04)*. IEEE Computer Society, Washington, DC, 130-137.

Brown, Kevin J., Arvind K. Sujeeth, Hyouk Joong Lee, Tiark Rompf, Hassan Chafi, Martin Odersky, and Kunle Olukotun. 2011. "A Heterogeneous Parallel Framework for Domain-Specific Languages." In *Proceedings of the 2011 International Conference on Parallel Architectures and Compilation Techniques (PACT '11)*. IEEE Computer Society, Washington, DC, 89-100.

Chafi, Hassan, Arvind K. Sujeeth, Kevin J. Brown, HyoukJoong Lee, Anand R. Atreya, and Kunle Olukotun. 2011. "A Domain-Specific Approach to Heterogeneous Parallelism." In *Proceedings of the 16th ACM Symposium on Principles and Practice of Parallel Programming (PPoPP '11)*. ACM, New York, NY, 35-46.

Dean, Jeffrey, Greg Corrado, Rajat Monga, Kai Chen, Matthieu Devin, Quoc V. Le, Mark Z. Mao, Marc'Aurelio Ranzato, Andrew W. Senior, Paul A. Tucker, Ke Yang, and Andrew Y. Ng. 2012. "Large Scale Distributed Deep Networks." *Advances in Neural Information Processing Systems (NIPS)*. Lake Tahoe, Nevada, 1232-1240.

Ke, Qifa, Michael Isard, and Yuan Yu. 2013. "Optimus: A Dynamic Rewriting Framework for Data-Parallel Execution Plans." In *Proceedings of the 8th ACM European Conference on Computer Systems (EuroSys '13)*. ACM, New York, NY, 15-28.

Kyrola, Aapo, Guy Blelloch, and Carlos Guestrin. 2012. "GraphChi: Large-Scale Graph Computation on Just a PC." In *Proceedings of the 10th USENIX Conference on Operating Systems Design and Implementation (OSDI '12)*. USENIX Association, Berkeley, CA, 31-46.

Sujeeth, Arvind K., Austin Gibbons, Kevin J. Brown, HyoukJoong Lee, Tiark Rompf, Martin Odersky, and Kunle Olukotun. 2013. "Forge: Generating a High Performance DSL Implementation from a Declarative Specification." In *Proceedings of the 12th International Conference on Generative Programming: Concepts & Experiences (GPCE '13)*. ACM, New York, NY, 145-154.

附录 A

代码笔记

本附录大致介绍了在前面章节中提到的代码片断。

注意：➡符号表示代码无法在一行显示。

Spark 中实现朴素贝叶斯 PMML 评分的代码

本节包含了在 Spark 中支持朴素贝叶斯的预测模型标记语言的代码，这在第 3 章中有引用。

NaiveBayesHandler.java

```
package pmml.parser;
import java.io.PrintWriter;
import java.io.Serializable;
import java.util.ArrayList;
import java.util.HashMap;
import java.util.HashSet;
import java.util.Iterator;
import java.util.List;
import java.util.Map;
import java.util.StringTokenizer;
import java.util.Set;
import org.xml.sax.Attributes;
import org.xml.sax.SAXException;
import org.xml.sax.helpers.DefaultHandler;
```

```java
public class NaiveBayesHandler extends DefaultHandler implements
Serializable {

    boolean miningSchema=false;
    boolean miningField=false;
    boolean bayesInputs=false;
    boolean bayesInput=false;
    boolean pairCount=false;
    boolean tvCounts=false;
    boolean tvCount=false;
    boolean forPrior=true;

    public static String bi_fn="";
    public static String pc_val="";
    public static int bayesInputIndex=0;

    public static String targetVar="";
    public static List<String> predictors = new
➥ArrayList<String>();

    public static Set<String> possibleTargets = new
➥HashSet<String>();

    public static int sum=0;

    public static Map<String, Float> stats = new HashMap<String,
➥Float>();
    public static Map<String, Float> prior = new HashMap<String,
Float>();
    public static Map<String, Float> prob_map = new
➥HashMap<String, Float>();

    public static Map<String, Map<String, Map<String, Float> >>
classMap = new HashMap<String, Map<String,Map<String,Float>>>();

    public final static class TargetValueCounts implements
➥Serializable{
        Map<String, Integer> tc_map ;
    }

    public final static class PairCounts implements Serializable{
        List<TargetValueCounts> pc = new
➥ArrayList<NaiveBayesHandler.TargetValueCounts>();
    }

    public final static class BayesInput implements Serializable{
        Map<String, PairCounts> pCounts_map ;
    }
```

```java
public final static class BayesInputs implements Serializable{
    static Map<String, BayesInput> bi_map ;

    public static String createMap() {
        String ret="";
        Set<String> set = bi_map.keySet();
        Iterator<String> s = set.iterator();

        while(s.hasNext()) {
            String fieldName=s.next();
            Set<String> set1 = bi_map.get(fieldName).pCounts_
map.keySet();
            Iterator<String> s1 = set1.iterator();

            while ( s1.hasNext() ) {
                String valueOfField = s1.next();
                TargetValueCounts var = bi_map.
get(fieldName).pCounts_map.get(valueOfField).pc.get(0);
                Set<String> set2 = var.tc_map.keySet();

                Iterator<String> s2 = set2.iterator();

                while ( s2.hasNext() ) {
                    String class = s2.next();
                    prob_map.put( new String(class+"_"+
valueOfField + "_" + fieldName),  new
Float((var.tc_map.get(class).floatValue()+1)/stats.get(class)
));
                }
            }

        }
        return ret;
    }

}

BayesInputs bis;

@Override
public void startDocument() throws SAXException {
}

@Override
public void endDocument() throws SAXException {

    Set<String> keys = stats.keySet();
    Iterator<String> itr = keys.iterator();
```

```java
            while(itr.hasNext()) {
                String s=itr.next();
                sum += stats.get(s);
            }
            itr = keys.iterator();

            // compute prior
            while(itr.hasNext()) {
                String s=itr.next();
                prior.put(s, (stats.get(s)/sum));
            }

            // print prior
            itr = prior.keySet().iterator();
            while ( itr.hasNext() ) {
                String p=itr.next();
            }

            BayesInputs.createMap();
    }

    @Override
    public void startElement(String uri, String localName, String
qName,
            Attributes attributes) throws SAXException {
        if( qName == "MiningSchema")
            miningSchema=true;
        else if ( miningSchema=true && qName == "MiningField") {
            for ( int i=0; i < attributes.getLength();i++) {
                if( attributes.getValue(i).compareTo
("predicted") == 0 )

                {
                    targetVar=attributes.getValue("name");
                    System.out.println("Target=" + targetVar);
                }
                else if( attributes.getValue(i).
compareTo("active" ) == 0 )
                    predictors.add(attributes.getValue("name"));
            }
            miningField=true;
        }
        else if ( qName.compareTo("BayesInputs") == 0 ){
            bayesInputs=true;
            bis = new BayesInputs();
            bis.bi_map = new HashMap<String, NaiveBayesHandler.
BayesInput>();
        }
```

```
        else if ( bayesInputs== true && qName.
compareTo("BayesInput") == 0 ) {
            bayesInput=true;
            BayesInput bi = new BayesInput();

            bis.bi_map.put(attributes.getValue(0), bi);
            bi_fn=attributes.getValue(0);
            bis.bi_map.get(bi_fn).pCounts_map = new
HashMap<String, NaiveBayesHandler.PairCounts>();
        }
        else if ( bayesInput == true && qName.
compareTo("PairCounts") == 0 ) {
            pairCount=true;
            PairCounts pc = new PairCounts();

            bis.bi_map.get(bi_fn).pCounts_map.put(attributes.
getValue(0), pc);
            pc_val=attributes.getValue(0);
        }
        else if ( pairCount == true && qName.
compareTo("TargetValueCounts") == 0 ) {
            tvCounts=true;
            TargetValueCounts tvcS = new TargetValueCounts();
            bis.bi_map.get(bi_fn).pCounts_map.get(pc_val).
pc.add(tvcS);
            bis.bi_map.get(bi_fn).pCounts_map.get(pc_val).
pc.get(0).tc_map = new HashMap<String, Integer>();
        }
        else if ( tvCounts== true && qName.
compareTo("TargetValueCount") == 0 ) {
            tvCount=true;
            String key = attributes.getValue("value");
            Integer value= Integer.parseInt(attributes.
getValue("count"));
            bis.bi_map.get(bi_fn).pCounts_map.get(pc_val).
pc.get(0).tc_map.put(key, value);
            possibleTargets.add(key);
            if( forPrior == true ) {
                if ( stats.containsKey(key))  {
                    stats.put(key, stats.get(key) + value) ;
                }
                else
                    stats.put(key, Float.parseFloat(attributes.
getValue("count")));
            }
        }
    }
```

```
    @Override
    public void endElement(String uri, String localName, String
➥qName)
    throws SAXException {
        if( qName == "MiningSchema")
        {
            miningSchema=false;
            System.out.print(targetVar + "=");
            for ( int i=0;i< predictors.size(); i++) {
                System.out.print( predictors.get(i) );
                if( i<predictors.size()-1)
                    System.out.print("+");
            }
            System.out.println();
        }
        else if ( miningSchema == true && qName == "MiningField")
            miningField=false;
        else if ( qName.compareTo("BayesInputs") == 0 )
            bayesInputs=false;
        else if ( qName.compareTo("BayesInput") == 0 ){
            bayesInput=false;
            forPrior = false;
        }
        else if ( qName.compareTo("PairCounts" ) == 0 )
            pairCount=false;
        else if ( qName.compareTo("TargetValueCounts" ) == 0 )
            tvCounts=false;
        else if ( qName.compareTo("TargetValueCount" ) == 0 )
            tvCount=false;
    }


    @Override
    public void characters(char[] ch, int start, int length)
    throws SAXException {
        if( miningSchema == true && miningField == true) {
        }
        super.characters(ch, start, length);
    }


    public String predictItNow( String input, Map<String, Float>
➥priorArg, List<String> predictorsArg, Map<String, Float>
➥prob_mapArg, Set<String> possibleTargetsArg, PrintWriter
➥outputFile) {
    // public String predictItNow( String input, Map<String,
➥Float> priorArg, List<String> predictorsArg, Map<String,
➥Float> prob_mapArg, Set<String> possibleTargetsArg) {
        // outputFile.println("Printing from within the method
➥predictItNow() ...... ");
        StringTokenizer strT = new StringTokenizer(input, ",");
```

```
        Iterator<String> itr = priorArg.keySet().iterator();

        int pred_index=0;
        float max_prob=0;
        String determined_target="";
        Iterator<String> targetIter = possibleTargetsArg.
iterator();

        boolean printed=false;
        while(targetIter.hasNext() && itr.hasNext() ) {
            String targetVar = targetIter.next();
            String p=itr.next();

            // create the key for map
            float prior_prob = priorArg.get(p);

            float prob_for_this_class=1;
            while( strT.hasMoreElements() && pred_index <
predictorsArg.size() ){
                String val = strT.nextElement().toString();
                if( printed == false ) {

                }
                String map_variable=targetVar + "_" + val + "_" +
predictorsArg.get(pred_index++);
                if(prob_mapArg.get(map_variable) == null ) {
                    System.err.println("\n Arrgh .. At least one
of the expected variables are not supplied correctly ...
Exiting");
                    outputFile.println("Arrgh .. At least one of
the expected variables are not supplied correctly ...
Exiting");
                    System.exit(0);
                }
                prob_for_this_class *= prob_mapArg.get(map_
variable);

            }
            prob_for_this_class *= prior_prob;

            if( prob_for_this_class > max_prob )
            {
                max_prob = prob_for_this_class;
                determined_target=targetVar;
            }

            pred_index=0;
            strT = new StringTokenizer(input, ",");
            printed=true;
        }
```

```
        return determined_target;
    }
}
```

NaiveBayesPMMLBolt.java

```java
package storm.pmml.predictor.bolt;

import java.io.BufferedReader;
import java.io.File;
import java.io.FileInputStream;
import java.io.FileWriter;
import java.io.IOException;
import java.io.InputStream;
import java.io.InputStreamReader;
import java.io.PrintWriter;
import java.text.ParseException;
import java.text.SimpleDateFormat;
import java.util.ArrayList;
import java.util.Arrays;
import java.util.Calendar;
import java.util.Date;
import java.util.HashMap;
import java.util.List;
import java.util.Map;
import java.util.Set;

import javax.xml.parsers.ParserConfigurationException;
import javax.xml.parsers.SAXParser;
import javax.xml.parsers.SAXParserFactory;

import org.xml.sax.SAXException;

import pmml.parser.NaiveBayesHandler;
import backtype.storm.task.OutputCollector;
import backtype.storm.task.TopologyContext;
import backtype.storm.topology.IRichBolt;
import backtype.storm.topology.OutputFieldsDeclarer;
import backtype.storm.tuple.Tuple;

import com.google.common.base.Charsets;
import com.google.common.io.Resources;

/*
 * 使用PMML模型，Storm bolt实现朴素贝叶斯分类用于预测分析
 *
 *
```

```
 * @author Jayati
 */

public class NaiveBayesPMMLBolt implements IRichBolt {

    private static final long serialVersionUID = 1L;

    private static OutputCollector collector;
    static Calendar cal;
    static PrintWriter outputFileWriter;
    static FileWriter file;
    static long counter = 0;
    private static String startTime;
    final static SimpleDateFormat sdf = new
➥SimpleDateFormat("HH:mm:ss");

    // 集群输入
    private static String pmmlModelFile = "~/naive_bayes.pmml";
    private static String targetVariable = "Class";
    private static String classificationOutputFile =
➥"~/PredictionResults.txt";

    private static Map<String, Float> prior = new HashMap<String,
➥Float>();
    private static Map<String, Float> prob_map = new
➥HashMap<String, Float>();
    private static List<String> predictors;
    private static Set<String> possibleTargets;

    NaiveBayesHandler hndlr = new NaiveBayesHandler();

    @Override
    public void prepare(Map stormConf, TopologyContext context,
            OutputCollector collector) {
        try {

            file = new FileWriter(classificationOutputFile +
➥(int)(Math.random() * 100));
            outputFileWriter = new PrintWriter(file);
            cal = Calendar.getInstance();
            cal.getTime();
            String handlerCreationStartTime = sdf.format(cal.
➥getTime());

            // 创建解析器及用于预测的朴素贝叶斯处理器对象
            SAXParserFactory spf = SAXParserFactory.
➥newInstance();
            SAXParser parser = spf.newSAXParser();
```

```
                parser.parse(new File(pmmlModelFile), hndlr);

                // 生成map函数中用到的本地及final变量
                prior = hndlr.prior;
                prob_map = hndlr.prob_map;
                predictors = hndlr.predictors;
                possibleTargets = hndlr.possibleTargets;

                // 记录生成处理器对象的开始时间
                cal = Calendar.getInstance();
                cal.getTime();
                String handlerCreationEndTime = sdf.format(cal.
➥getTime());

                outputFileWriter.println("The time taken for
➥initializing the Naive Bayes Handler is: " +
➥getTimeDifference(handlerCreationStartTime,
➥handlerCreationEndTime));
                outputFileWriter.flush();

                cal = Calendar.getInstance();
                cal.getTime();
                startTime = sdf.format(cal.getTime());

        } catch (IOException e) {
            e.printStackTrace();
        } catch (ParserConfigurationException e) {
            e.printStackTrace();
        } catch (SAXException e) {
            e.printStackTrace();
        } catch (ParseException e) {
            e.printStackTrace();
        }
    }

    @Override
    public void execute(Tuple input) {
        String inputRecord = input.getString(0);
        String actualCategory = "", entryList = "";

        // 确保记录不为空并且它不是包含目标变量及预测变量的
        // 输入文件的首行

        if(!inputRecord.isEmpty() && !inputRecord.contains
➥(targetVariable)) {

            // 将输入字符串按下面的分隔符进行分割:
➥[ \\t\\n\\x0B\\f\\r]
```

```
        String[] recordEntries = inputRecord.split("\\s+");
        actualCategory = recordEntries[0];

        // 将目标变量值所在行的第一条记录删除掉
        recordEntries = (String[]) Arrays.
➥copyOfRange(recordEntries, 1, recordEntries.length);
        for (String entry: recordEntries){
            entryList += (entry.trim() + ",");
        }
    }

    String predictedValue = null;
    if (!actualCategory.isEmpty()) {
        counter++;
        outputFileWriter.append(" Actual Category: " +
➥actualCategory);
        predictedValue = hndlr.predictItNow(entryList, prior,
➥predictors, prob_map, possibleTargets, outputFileWriter);
        // 计算出当前时间，用于日志记录
        cal = Calendar.getInstance();
        cal.getTime();
        String endTime = sdf.format(cal.getTime());
        outputFileWriter.append("Predicted Category: " +
➥predictedValue + " Start Time: " + startTime + " Current Time:
➥" + endTime);
        outputFileWriter.flush();
    }

}

@Override
public void cleanup() {
    // TODO Auto-generated method stub

}

@Override
public void declareOutputFields(OutputFieldsDeclarer
➥declarer) {
    // TODO Auto-generated method stub

}

@Override
vpublic Map<String, Object> getComponentConfiguration() {
    // TODO Auto-generated method stub
    return null;
}
```

```
    private static BufferedReader open(String inputFile) throws
➡IOException {
        InputStream in;
        try {
            in = Resources.getResource(inputFile).openStream();
        } catch (IllegalArgumentException e) {
            in = new FileInputStream(new File(inputFile));
        }
        return new BufferedReader(new InputStreamReader(in,
➡Charsets.UTF_8));
    }

    // 计算给定的两个时间的时间差
    public static long getTimeDifference(String time1, String
➡time2) throws ParseException{
        SimpleDateFormat formatter = new
➡SimpleDateFormat("HH:mm:ss");
        Date t1 = formatter.parse(time1);
        Date t2 = formatter.parse(time2);
        long difference = (t2.getTime() - t1.getTime())/1000;
        return difference;
    }
}
```

Spark 中支持线性回归的 PMML 的代码

本节给出了第 3 章中所提到的在 Spark 中支持线性回归的
PMML 的代码。

JPMMLLinearRegInSpark.java

```
package spark.jpmml.linear.regression;

import java.io.File;
import java.io.FileWriter;
import java.io.IOException;
import java.io.PrintWriter;
import java.net.InetAddress;
import java.net.UnknownHostException;
import java.text.ParseException;
import java.text.SimpleDateFormat;
import java.util.ArrayList;
```

```java
import java.util.Calendar;
import java.util.Date;
import java.util.HashMap;
import java.util.List;

import org.dmg.pmml.FieldName;
import org.dmg.pmml.IOUtil;
import org.dmg.pmml.PMML;
import org.jpmml.evaluator.RegressionModelEvaluator;
import org.xml.sax.SAXException;

import spark.api.java.JavaRDD;
import spark.api.java.JavaSparkContext;
import spark.api.java.function.Function;

/**
 * JPMML在Spark中的线性回归的实现
 */
public class JPMMLLinearRegInSpark {

    static Calendar cal;
    static PrintWriter outputFile;
    static FileWriter file;
    final static SimpleDateFormat sdf = new
➥SimpleDateFormat("HH:mm:ss");
    static ArrayList<String> inputFieldNames = new
➥ArrayList<String>();
    static ArrayList<String> inputFieldTypes = new
➥ArrayList<String>();
    static JavaSparkContext ssc;

    public static void main(String[] args) throws
➥InterruptedException, IOException, ParseException,
➥SAXException{

            // 输入记录中活跃字段的数量
            int numberOfActiveFields = Integer.parseInt(args[0]);
            // 输入文件的路径
            String inputFile = args[1];
            // PMML模型文件的路径
            final String pmmlModelFile = args[2];
            // 输出文件的位置
            final String classificationOutputFile = args[3];
            String master = args[4];
            String jobName = args[5];
            String sparkHome = args[6];
            String sparkJar = args[7];
```

```
    String classificationStartTime = null,
➥classificationEndTime = null;

    // 从模型文件中加载PMML模型
    PMML model = IOUtil.unmarshal(new File(pmmlModelFile));

    // 从PMML模型中初始化回归模型求值器对象
    final RegressionModelEvaluator evaluator = new Regression
➥ModelEvaluator(model);

    // 创建Spark上下文
    if(master.equals("local")){
        ssc = new JavaSparkContext("local", jobName);
    } else {
        ssc = new JavaSparkContext(master, jobName,
➥sparkHome, new String[] {"/home/test/JPMMLLRInSpark/
➥JPMMLWithSpark/target/JPMMLWithSpark-0.0.1-SNAPSHOT.jar",
➥"/home/test/jpmml-master/bundle/target/jpmml-bundle-1.0-
➥SNAPSHOT.jar"});
    }

    // 打开写文件的功能
    file = new FileWriter(classificationOutputFile);
    outputFile = new PrintWriter(file);

    // 计算算法执行的开始时间
    cal = Calendar.getInstance();
    cal.getTime();
    classificationStartTime = sdf.format(cal.getTime());

    // 从输入文件中创建RDD对象
    JavaRDD<String> testData = ssc.textFile(inputFile).
➥cache();

    // 将输入的RDD转换成包含分类结果的RDD
    JavaRDD<String> classificationResults = testData.map(
            new Function<String, String>() {
                @Override
                public String call(String inputRecord) throws
➥Exception {
                    // 检查记录是否为空字符串
➥string
                    if(!inputRecord.isEmpty()) {
                        // 将行按逗号分割
                        String[] pointDimensions =
➥inputRecord.split(",");
                        String result = "";
```

```
                            HashMap<FieldName, Double> params =
new HashMap();
                            params.put(new FieldName("Sepal.
Length"),Double.parseDouble(pointDimensions[0]));
                            params.put(new FieldName("Sepal.
Width"),Double.parseDouble(pointDimensions[1]));
                            params.put(new FieldName("Petal.
Length"),Double.parseDouble(pointDimensions[2]));
                            params.put(new FieldName("Petal.
Width"),Double.parseDouble(pointDimensions[3]));

                            // 求出分类
                            result = evaluator.evaluate(params).
toString();

                            return result;
                        } else {
                            System.out.println("End of elements
in the stream.");

                            String result = "End of elements in
the input data";

                            return result;
                        }
                    }
                }).cache();

    // 应用结果的数量
    long classifiedRecords = classificationResults.count();
    List<String> resultsList = classificationResults.
collect();

    // 计算算法执行的结束时间
    cal = Calendar.getInstance();
    cal.getTime();
    classificationEndTime = sdf.format(cal.getTime());

    outputFile.println("Total time taken for classification
of " + classifiedRecords + " records is: ".+ getTimeDifference
(classificationStartTime, classificationEndTime)+ " seconds"
+ "\n"
                    + "Here are the results: ");
    outputFile.flush();

    for(int j = 0; j < resultsList.size(); j++){
        outputFile.println(j + ". " + resultsList.get(j));
    }
    outputFile.flush();
    ssc.stop();
}
```

```
    /*
     * 该方法用来计算两个指定时间的时间差
     */
    public static long getTimeDifference(String time1, String
➡time2) throws ParseException{
        SimpleDateFormat formatter = new
➡SimpleDateFormat("HH:mm:ss");
        Date t1 = formatter.parse(time1);
        Date t2 = formatter.parse(time2);
        long difference = (t2.getTime() - t1.getTime())/1000;
        return difference;
    }
}
```

GraphLab 实现的网页排名

本节是直接从 GraphLab 摘出来的源码，它说明了如何用 GraphLab 实现网页排名算法，就像第 5 章中解释的那样。

Simple_pagerank.cpp

```
/*
 * Copyright (c) 2009 Carnegie Mellon University.
 *     All rights reserved.
 *
 * Licensed under the Apache License, Version 2.0
 * (the "License");
 * you may not use this file except in compliance with
 * the License.
 * You may obtain a copy of the License at
 *
 *     http://www.apache.org/licenses/LICENSE-2.0
 *
 * Unless required by applicable law or agreed to in writing,
 * software distributed under the License is distributed on an
 * "AS IS" BASIS, WITHOUT WARRANTIES OR CONDITIONS OF ANY KIND,
 * either express or implied.  See the License for the specific
 * language governing permissions and limitations under the
 * License.
 *
```

```
* For more about this software, visit:
*
*        http://www.graphlab.ml.cmu.edu
*
*/

#include <vector>
#include <string>
#include <fstream>
#include <graphlab.hpp>
// #include <graphlab/macros_def.hpp>
// 全局随机重置概率
float RESET_PROB = 0.15;

float TOLERANCE = 1.0E-2;

// 顶点数据就是网页排名值（一个浮点数）

// 在网页排名应用中没有边值

// 图类型由顶点数据类型和边数据类型决定

/*
 * 利用graph.transform_vertices(init_vertex);
 * 实现的简单函数，用来初始化顶点数据
 */
void init_vertex(graph_type::vertex_type& vertex) { vertex.data()
➡ = 1; }




/*
 * 分比网页排名更新功能扩展ivertex_program,
 * 详述如下：
 *
 *   1) graph_type
 *   2) gather_type: 浮点数（由聚集函数返回）
 *   注意，在此处该集合类型并不严格必要，因为它假设，除非另有规定，
 *   否则都是vertex_data_type
 *
 *   另外，ivertex程序还拥有一个被假定为空的消息类型。既然我们不
 *   需要消息，也就不用提供消息类型了
 *
```

```
 * 网页排名还扩展了graphlab::IS_POD_TYPE(普通的旧数据类型),它用来
 * 通知graphlab网页排名程序可以通过直接读取它的内存表示序列化(转化
 * 为字节流)。如果一个顶点程序不扩展graphlab::IS_POD_TYPE,它必
 * 须实现加载与保存功能
 */
class pagerank :
  public graphlab::ivertex_program<graph_type, float>,
  public graphlab::IS_POD_TYPE {
  float last_change;
public:
  /* 收集相邻页面的权重排名 */
  float gather(icontext_type& context, const vertex_type& vertex,
               edge_type& edge) const {
    return ((1.0 - RESET_PROB) / edge.source().num_out_edges()) *
      edge.source().data();
  }

  /* 使用相邻页面的总排名更新本页面 */
  void apply(icontext_type& context, vertex_type& vertex,
             const gather_type& total) {
    const double newval = total + RESET_PROB;
    last_change = std::fabs(newval - vertex.data());
    vertex.data() = newval;
  }

  /* 分散的边取决于网页排名程序是否收敛 */

  edge_dir_type scatter_edges(icontext_type& context,
                              const vertex_type& vertex) const {
    if (last_change > TOLERANCE) return graphlab::OUT_EDGES;
    else return graphlab::NO_EDGES;
  }

  /* 散射函数只向相邻页面发送信号 */
  void scatter(icontext_type& context, const vertex_type& vertex,
               edge_type& edge) const {
    context.signal(edge.target());
  }
}; // factorized_pagerank更新功能结束


/*
 * 要保存最终的图,因此我们定义一个写结构,它将在graph.save
 * ("path/prefix", pagerank_writer())调用并保存图

 */
```

```
struct pagerank_writer {
  std::string save_vertex(graph_type::vertex_type v) {
    std::stringstream strm;
    strm << v.id() << "\t" << v.data() << "\n";
    return strm.str();
  }
  std::string save_edge(graph_type::edge_type e) { return ""; }
}; //pagerank写结构结束



int main(int argc, char** argv) {
  // 使用mpi初始化简单控制
  graphlab::mpi_tools::init(argc, argv);
  graphlab::distributed_control dc;
  global_logger().set_log_level(LOG_INFO);

  // 解析命令行选项 ------------- --------------------
  graphlab::command_line_options clopts("PageRank algorithm.");
  std::string graph_dir;
  std::string format = "adj";
  std::string exec_type = "synchronous";
  clopts.attach_option("graph", graph_dir,
                       "The graph file. Required ");
  clopts.add_positional("graph");
  clopts.attach_option("format", format,
                       "The graph file format");
  clopts.attach_option("engine", exec_type,
                       "The engine type synchronous or
➥asynchronous");
  clopts.attach_option("tol", TOLERANCE,
                       "The permissible change at convergence");
  std::string saveprefix;
  clopts.attach_option("saveprefix", saveprefix,
                       "If set, will save the resultant pagerank
➥to a "
                       "sequence of files with prefix
➥saveprefix");

  if(!clopts.parse(argc, argv)) {
    dc.cout() << "Error in parsing command line arguments"
➥<< std::endl;
    return EXIT_FAILURE;
  }

  if (graph_dir == "") {
    dc.cout() << "Graph not specified. Cannot continue";
    return EXIT_FAILURE;
  }
```

```
// 构建图 ------------------------------------------------------
graph_type graph(dc, clopts);
dc.cout() << "Loading graph in format: "<< format << std::endl;
graph.load_format(graph_dir, format);
// 必须在查询图之前调用finalize
graph.finalize();
dc.cout() << "#vertices: " << graph.num_vertices()
          << " #edges:" << graph.num_edges() << std::endl;
// 初始化顶点数据
graph.transform_vertices(init_vertex);

// 运行引擎 ------------------------------------------------------
graphlab::omni_engine<pagerank> engine(dc, graph, exec_type,
➥clopts);
engine.signal_all();
engine.start();
const float runtime = engine.elapsed_seconds();
dc.cout() << "Finished running engine in " << runtime
          << " seconds." << std::endl;

// 保存最终图  ------------------------------------------------------
if (saveprefix != "") {
  graph.save(saveprefix, pagerank_writer(),
            false,     // 不要gzip
            true,      // 保存顶点
            false);    // 不保存边
}

// 断开通信连接并退出----------------------------
graphlab::mpi_tools::finalize();
return EXIT_SUCCESS;
} // main函数结束
```

GraphLab 的 SGD

本节介绍用 GraphLab 实现随机梯度下降算法，也是摘自
GraphLab 源码。

sgd.cpp

```
/**
 * Copyright (c) 2009 Carnegie Mellon University.
 *     All rights reserved.
 *
 *  Licensed under the Apache License, Version 2.0 (the
 *  "License"); you may not use this file except in compliance
 *  with the License.
 *  You may obtain a copy of the License at
 *
 *      http://www.apache.org/licenses/LICENSE-2.0
 *
 *  Unless required by applicable law or agreed to in writing,
 *  software distributed under the License is distributed on an
 *  "AS IS" BASIS, WITHOUT WARRANTIES OR CONDITIONS OF ANY KIND,
 *  either express or implied.  See the License for the specific
 *  language governing permissions and limitations under the
 *  License.
 *
 * For more about this software, visit:
 *
 *      http://www.graphlab.ml.cmu.edu
 *
 */


/**
 * \文件
 *
 * \SGD矩阵分解算法的主要文件
 *
 * 本文件包含SGD矩阵分解算法的main函数体
 */


#include <graphlab/util/stl_util.hpp>
#include <graphlab.hpp>

#include <Eigen/Dense>
#include "eigen_serialization.hpp"
#include <graphlab/macros_def.hpp>
```

```
typedef Eigen::VectorXd vec_type;
typedef Eigen::MatrixXd mat_type;
```

// 使用负数节点id范围时，我们不允许使用0与1，因此加2

```
const static int SAFE_NEG_OFFSET=2;
static bool debug;
int iter = 0;

bool isuser(uint node){
  return ((int)node) >= 0;
}

/**
 * \toolkit_matrix_pvecization
 *
 * \包含潜在pvec的顶点数据类型
 *
 * 矩阵的每行每列对应SGD图中的不同顶点。与每个顶点相关联的是一个代
 * 表那个顶点的潜在参数pvec（向量）。SGD算法的目标是可以通过矩阵
 * 中行列pvec点积预测的非零项找到这些潜在参数的值
 */
struct vertex_data {
  /**
   * 共享"常量"指定要使用的潜在值数量
   */
  static size_t NLATENT;
  /**这个顶点的潜在pvec */
  vec_type pvec;

  int nupdates;
  /**
   * \ 简单默认构造器，随机化顶点数据
   */
  vertex_data() : nupdates(0) { if (debug) pvec = vec_
type::Ones(NLATENT); else randomize(); }
  /** \ 随机化潜在pvec*/
  void randomize() { pvec.resize(NLATENT); pvec.setRandom(); }
  /** \ 保存顶点数据为二进制文件 */
  void save(graphlab::oarchive& arc) const {
    arc << nupdates << pvec;
  }
```

```
  /** \ 从二进制文件加载顶点数据 */
  void load(graphlab::iarchive& arc) {
    arc >> nupdates >> pvec;
  }
}; // 顶点数据结束


/**
 * \ 边数据保存矩阵项
 *
 * 此外，边数据sgdo储存最近的错误预测
 */
struct edge_data : public graphlab::IS_POD_TYPE {
  /**
   * \ 边数据类型
   *
   * \li *Train:* 被观察的值是正确的并用于训练
   * \li #Validate:#被观察的值是正确的但是不用于训练
   * \li *Predict:* 被观察的值不正确并且应当用于训练
   */
  enum data_role_type { TRAIN, VALIDATE, PREDICT  };

  /** \ 被观察的边值 */
  float obs;

  /** \ 边的训练、验证、测试的标识 */
  data_role_type role;

  /** \ 基本初始化 */
  edge_data(float obs = 0, data_role_type role = PREDICT) :
    obs(obs), role(role) { }

}; // 边数据结束


/**
 * \ 图类型由顶点和边的数据定义
 */
typedef graphlab::distributed_graph<vertex_data, edge_data>
➥graph_type;

#include "implicit.hpp"
```

```
stats_info count_edges(const graph_type::edge_type & edge){
  stats_info ret;

  if (edge.data().role == edge_data::TRAIN)
     ret.training_edges = 1;
  else if (edge.data().role == edge_data::VALIDATE)
     ret.validation_edges = 1;
  ret.max_user = (size_t)edge.source().id();
  ret.max_item = (-edge.target().id()-SAFE_NEG_OFFSET);
  return ret;
}



double extract_l2_error(const graph_type::edge_type & edge);


/**
 * \ 提供一个顶点和一条边，返回边的另一个顶点
 */
inline graph_type::vertex_type
get_other_vertex(graph_type::edge_type& edge,
    const graph_type::vertex_type& vertex) {
  return vertex.id() == edge.source().id()? edge.target() : edge.
➡source();
}; // get_other_vertes结束




/**
 *
 */
class gather_type {
  public:
    /**
     * \ 储存当前nbr.pvec.transpose()*nbr.pvec的和
     */

    /**
     * \ 储存当前nbr.pvec*edge.obs的和
     */
    vec_type pvec;
    /** \ 基本默认构造器 */
    gather_type() {  }
```

```cpp
/**
 * \ 本构造器计算XtX和Xy，并在XtX和Xy中储存结果
 */
gather_type(const vec_type& X) {
  pvec = X;
} // gather_type构造器结束

/** \ 保存值到二进制文件 */
void save(graphlab::oarchive& arc) const { arc << pvec; }

/** \ 从二进制文件读取值 */
void load(graphlab::iarchive& arc) { arc >> pvec; }

/**
 */
gather_type& operator+=(const gather_type& other) {
  if (pvec.size() == 0){
    pvec = other.pvec;
    return *this;
  }
  else if (other.pvec.size() == 0)
    return *this;
  pvec += other.pvec;
  return *this;
} // 重载运算符+=结束

}; // gather_type结束

typedef vec_type message_type;

bool isuser_node(const graph_type::vertex_type& vertex){
  return isuser(vertex.id());
}

/**
 * SGD顶点程序类型
 */
class sgd_vertex_program :
  public graphlab::ivertex_program<graph_type, gather_type,
  message_type> {
    public:
      /** 收敛性 */
      static double TOLERANCE;
      static double LAMBDA;
      static double GAMMA;
      static double MAXVAL;
```

```
    static double MINVAL;
    static double STEP_DEC;
    static bool debug;
    static size_t MAX_UPDATES;
    vec_type pmsg;

    void save(graphlab::oarchive& arc) const {
      arc << pmsg;
    }
    /** \ 从二进制文件加载顶点数据 */
    void load(graphlab::iarchive& arc) {
      arc >> pmsg;
    }

    /** 聚集的边集 */
    edge_dir_type gather_edges(icontext_type& context,
        const vertex_type& vertex) const {
      return graphlab::ALL_EDGES;
    }; // gather_edges结束


    gather_type gather(icontext_type& context, const vertex_
type& vertex,
        edge_type& edge) const {

      vec_type delta, other_delta;
      // 这是用户节点
      if (vertex.num_in_edges() == 0){
        vertex_type my_vertex(vertex);
        // 得到条目节点副本
        vertex_type other_vertex(get_other_vertex(edge,
vertex));
        // 通过dot计算1个错误预测
production of user and item nodes
        double pred = vertex.data().pvec.dot(other_vertex.
data().pvec);
        // 截取预测到允许范围内
        pred = std::min(pred, sgd_vertex_program::MAXVAL);
        pred = std::max(pred, sgd_vertex_program::MINVAL);
        // 计算预测错误
        const float err = edge.data().obs - pred;
        if (debug)
          std::cout<<"entering edge " << (int)edge.source().
id() << ":" <<(int)edge.target().id() << " err: " << err <<
" rmse: " << err*err <<std::endl;
        if (std::isnan(err))
          logstream(LOG_FATAL)<<"Got into numeric errors. Try
to tune step size and regularization using --lambda and --gamma
flags" << std::endl;
```

```
    // 为训练边，更新线性模型
    if (edge.data().role == edge_data::TRAIN){
        // 为该用户节点计算梯度变化
        delta = GAMMA*(err*other_vertex.data().pvec -
LAMBDA*vertex.data().pvec);
        // 为该条目节点计算梯度变化
        other_delta = GAMMA*(err*vertex.data().pvec -
LAMBDA*other_vertex.data().pvec);

        // heuristic: 更新当前梯度变化（当本功能存在时这一
变化就被丢弃了）
        // my_vertex.data().pvec += delta;
        // other_vertex.data().pvec += other_delta;
        if (debug)
            std::cout<<"new val:" << (int)edge.source().id()
<< ":" <<(int)edge.target().id() << " U " << my_vertex.data().
pvec.transpose() << " V" << other_vertex.data().pvec.
transpose() << std::endl;
        // 为条目节点在下次节点的更新发送delta梯度
        if(std::fabs(err) > TOLERANCE && other_vertex.data().
nupdates < MAX_UPDATES)
            context.signal(other_vertex, other_delta);
    }
}
    return gather_type(delta);
} // 收集功能结束

void init(icontext_type& context,
    const vertex_type& vertex,
    const message_type& msg) {
    // 如果这是一个条目结点，在梯度中储存要在apply()函数中应用
的变化（变化的总和）
    if (vertex.num_in_edges() > 0){
    pmsg = msg;
    }
}


void apply(icontext_type& context, vertex_type& vertex,
    const gather_type& sum) {

    vertex_data& vdata = vertex.data();
    // 这是一个用户节点；使用在收集功能中累加的梯度总和更新
    if (sum.pvec.size() > 0){
    vdata.pvec += sum.pvec;
```

```
        assert(vertex.num_in_edges() == 0);
      }
      // 如果这是一个条目节点，使用收到的来自init()函数的和
➡更新梯度
      else if (pmsg.size() > 0){
        vdata.pvec += pmsg;
        assert(vertex.num_out_edges() == 0);
      }
      ++vdata.nupdates;
    } // apply结束


    /** 分散的边 */
    edge_dir_type scatter_edges(icontext_type& context,
        const vertex_type& vertex) const {
      return graphlab::ALL_EDGES;
    }; // 分散边结束


    /** 分散重新调度的邻居 */
    void scatter(icontext_type& context, const vertex_type&
➡vertex,
        edge_type& edge) const {
      edge_data& edata = edge.data();
      if(edata.role == edge_data::TRAIN) {
        const vertex_type other_vertex = get_other_vertex(edge,
➡vertex);
        // 重新调度邻居 -----------------------------
        if(other_vertex.data().nupdates < MAX_UPDATES)
          context.signal(other_vertex, vec_type::Zero(vertex_
➡data::NLATENT));
      }
    } // 分散功能结束



    /**
     * \ 向二部图另一边的所有顶点发送信号
     */
    static graphlab::empty signal_left(icontext_type& context,
        vertex_type& vertex) {
      if(vertex.num_out_edges() > 0) context.signal(vertex,
➡vec_type::Zero(vertex_data::NLATENT));
      return graphlab::empty();
    } // signal_left结束

}; // sgd顶点程序结束
```

```
struct error_aggregator : public graphlab::IS_POD_TYPE {
    typedef sgd_vertex_program::icontext_type icontext_type;
    typedef graph_type::edge_type edge_type;
    double train_error, validation_error;

    error_aggregator() :
      train_error(0), validation_error(0){ }
    error_aggregator& operator+=(const error_aggregator&
other) {
        train_error += other.train_error;
        assert(!std::isnan(train_error));
        validation_error += other.validation_error;
        return *this;
    }
    static error_aggregator map(icontext_type& context, const
graph_type::edge_type& edge) {
        error_aggregator agg;
        if (edge.data().role == edge_data::TRAIN){
          if (isuser_node(edge.source()))
            agg.train_error = extract_l2_error(edge);
          assert(!std::isnan(agg.train_error));
        }
        else if (edge.data().role == edge_data::VALIDATE){
          if (isuser_node(edge.source()))
          agg.validation_error = extract_l2_error(edge);
        }
        return agg;
    }


    static void finalize(icontext_type& context, const error_
aggregator& agg) {
        iter++;
        if (iter%2 == 0)
          return;
        const double train_error = std::sqrt(agg.train_error /
info.training_edges);
        assert(!std::isnan(train_error));
        context.cout() << std::setw(8) << context.elapsed_
seconds() << "  " << std::setw(8) << train_error;
        if(info.validation_edges > 0) {
          const double validation_error =
            std::sqrt(agg.validation_error / info.validation_
edges);
          context.cout() << "   " << std::setw(8)
```

```
➥<< validation_error;
        }
      context.cout() << std::endl;
      sgd_vertex_program::GAMMA *= sgd_vertex_program::STEP_
➥DEC;
    }
  }; // 错误聚合结束

  /**
   * \ 提供一条边，计算与之相关联的错误
   */
  double extract_l2_error(const graph_type::edge_type & edge)
{
    double pred =
      edge.source().data().pvec.dot(edge.target().data().
➥pvec);
    pred = std::min(sgd_vertex_program::MAXVAL, pred);
    pred = std::max(sgd_vertex_program::MINVAL, pred);
    double rmse = (edge.data().obs - pred) * (edge.data().
➥obs - pred);
    assert(rmse <= pow(sgd_vertex_program::MAXVAL-sgd_vertex_
➥program::MINVAL,2));
    return rmse;
  } // extract_l2_error结束


  struct prediction_saver {
    typedef graph_type::vertex_type vertex_type;
    typedef graph_type::edge_type   edge_type;
    /* 保存线性模型，格式为:
       nodeid) factor1 factor2 ... factorNLATENT \n
       */
    std::string save_vertex(const vertex_type& vertex) const {
      return "";
    }
    std::string save_edge(const edge_type& edge) const {
      if (edge.data().role != edge_data::PREDICT)
        return "";

      std::stringstream strm;
      const double prediction =
        edge.source().data().pvec.dot(edge.target().data().
➥pvec);
      strm << edge.source().id() << '\t'
           << -edge.target().id()-SAFE_NEG_OFFSET << '\t'
```

```
            << prediction << '\n';
        return strm.str();
    }
}; // prediction_saver结束

struct linear_model_saver_U {
    typedef graph_type::vertex_type vertex_type;
    typedef graph_type::edge_type   edge_type;
    /* 保存线性模型，格式为:
        nodeid) factor1 factor2 ... factorNLATENT \n
        */
    std::string save_vertex(const vertex_type& vertex) const {
        if (vertex.num_out_edges() > 0){
            std::string ret = boost::lexical_cast
<std::string>(vertex.id()) + ") ";
            for (uint i=0; i< vertex_data::NLATENT; i++)
                ret += boost::lexical_cast<std::string>(vertex.
data().pvec[i]) + " ";
            ret += "\n";
            return ret;
        }
        else return "";
    }
    std::string save_edge(const edge_type& edge) const {
        return "";
    }
};

struct linear_model_saver_V {
    typedef graph_type::vertex_type vertex_type;
    typedef graph_type::edge_type   edge_type;
    /* 保存线性模型，格式为:
        nodeid) factor1 factor2 ... factorNLATENT \n
        */
    std::string save_vertex(const vertex_type& vertex) const {
        if (vertex.num_out_edges() == 0){
            std::string ret = boost::lexical_cast<std::string>
(-vertex.id()-SAFE_NEG_OFFSET) + ") ";
            for (uint i=0; i< vertex_data::NLATENT; i++)
                ret += boost::lexical_cast<std::string>(vertex.
data().pvec[i]) + " ";
            ret += "\n";
            return ret;
        }
        else return "";
    }
```

```
    std::string save_edge(const edge_type& edge) const {
      return "";
    }
};


/**
 * \ 图加载器功能是一个用于分布式图构造的线性解析器
 */
inline bool graph_loader(graph_type& graph,
    const std::string& filename,
    const std::string& line) {
  ASSERT_FALSE(line.empty());
  // 决定数据的角色
  edge_data::data_role_type role = edge_data::TRAIN;
  if(boost::ends_with(filename,".validate")) role = edge_
data::VALIDATE;
    else if(boost::ends_with(filename, ".predict")) role =
edge_data::PREDICT;
  // 解析线
  std::stringstream strm(line);
  graph_type::vertex_id_type source_id(-1), target_id(-1);
  float obs(0);
  strm >> source_id >> target_id;

  // 由于是测试文件（.predict），没必要读取实际比率
  if(role == edge_data::TRAIN || role == edge_
data::VALIDATE){
    strm >> obs;
    if (obs < sgd_vertex_program::MINVAL || obs > sgd_
vertex_program::MAXVAL)
      logstream(LOG_FATAL)<<"Rating values should be
between " <<sgd_vertex_program::MINVAL << " and "
<< sgd_vertex_program::MAXVAL << ". Got value: " << obs
<< " [ user: " << source_id << " to item: " <<target_id << "
] " << std::endl;
  }
  target_id = -(graphlab::vertex_id_type(target_id +
SAFE_NEG_OFFSET));

  // 创建一条边并添加到图中
  graph.add_edge(source_id, target_id, edge_data(obs,
role));
```

```
      return true; // successful load
} // graph_loader结束
size_t vertex_data::NLATENT = 20;
double sgd_vertex_program::TOLERANCE = 1e-3;
double sgd_vertex_program::LAMBDA = 0.001;
double sgd_vertex_program::GAMMA = 0.001;
size_t sgd_vertex_program::MAX_UPDATES = -1;
double sgd_vertex_program::MAXVAL = 1e+100;
double sgd_vertex_program::MINVAL = -1e+100;
double sgd_vertex_program::STEP_DEC = 0.9;
bool sgd_vertex_program::debug = false;


/**
 * \ 引擎被SGD矩阵分解算法使用
 *
 * SGD矩阵分解算法当前使用同步引擎。然而我们计划添加可替换
 * 引擎的支持
 */
typedef graphlab::omni_engine<sgd_vertex_program>
➥engine_type;

int main(int argc, char** argv) {
    global_logger().set_log_level(LOG_INFO);
    global_logger().set_log_to_console(true);

    // 解析命令行选项 --------------------------
    const std::string description =
      "Compute the SGD factorization of a matrix.";
    graphlab::command_line_options clopts(description);
    std::string input_dir;
    std::string predictions;
    size_t interval = 0;
    std::string exec_type = "synchronous";
    clopts.attach_option("matrix", input_dir,
        "The directory containing the matrix file");
    clopts.add_positional("matrix");
    clopts.attach_option("D", vertex_data::NLATENT,
        "Number of latent parameters to use.");
    clopts.attach_option("engine", exec_type,
        "The engine type synchronous or asynchronous");
    clopts.attach_option("max_iter", sgd_vertex_program::
➥MAX_UPDATES,
        "The maximum number of udpates allowed for a
➥ vertex");
```

```
        clopts.attach_option("lambda", sgd_vertex_
program::LAMBDA,
            "SGD regularization weight");
        clopts.attach_option("gamma", sgd_vertex_program::GAMMA,
            "SGD step size");
        clopts.attach_option("debug", sgd_vertex_program::debug,
            "debug - additional verbose info");
        clopts.attach_option("tol", sgd_vertex_
program::TOLERANCE,
            "residual termination threshold");
        clopts.attach_option("maxval", sgd_vertex_
program::MAXVAL, "max allowed value");
        clopts.attach_option("minval", sgd_vertex_
program::MINVAL, "min allowed value");
        clopts.attach_option("step_dec", sgd_vertex_
program::STEP_DEC, "multiplicative step decrement");
        clopts.attach_option("interval", interval,
            "The time in seconds between error reports");
        clopts.attach_option("predictions", predictions,
            "The prefix (folder and filename) to save
predictions.");

        parse_implicit_command_line(clopts);

        if(!clopts.parse(argc, argv) || input_dir == "") {
            std::cout << "Error in parsing command line arguments."
<< std::endl;
            clopts.print_description();
            return EXIT_FAILURE;
        }
        debug = sgd_vertex_program::debug;
        // omp_set_num_threads(clopts.get_ncpus());
        ///! 使用mpi初始化简单控制
        graphlab::mpi_tools::init(argc, argv);
        graphlab::distributed_control dc;

        dc.cout() << "Loading graph." << std::endl;
        graphlab::timer timer;
        graph_type graph(dc, clopts);
        graph.load(input_dir, graph_loader);
        dc.cout() << "Loading graph. Finished in "
          << timer.current_time() << std::endl;

        if (dc.procid() == 0)
          add_implicit_edges<edge_data>(implicitratingtype,
graph, dc);
```

```
dc.cout() << "Finalizing graph." << std::endl;
timer.start();
graph.finalize();
dc.cout() << "Finalizing graph. Finished in "
    << timer.current_time() << std::endl;


dc.cout()
    << "========== 处理中的图形统计 " <<
dc.procid()
    << " =============="
    << "\n Num vertices: " << graph.num_vertices()
    << "\n Num edges: " << graph.num_edges()
    << "\n Num replica: " << graph.num_replicas()
    << "\n Replica to vertex ratio: "
    << float(graph.num_replicas())/graph.num_vertices()
    << "\n ----------------------------------------------"
    << "\n Num local own vertices: " << graph.num_local_
own_vertices()
    << "\n Num local vertices: " << graph.num_local_
vertices()
    << "\n Replica to own ratio: "
    << (float)graph.num_local_vertices()/graph.num_local_
own_vertices()
    << "\n Num local edges: " << graph.num_local_edges()
    //<< "\n Begin edge id: " << graph.global_eid(0)
    << "\n Edge balance ratio: "
    << float(graph.num_local_edges())/graph.num_edges()
    << std::endl;

dc.cout() << " 创建引擎" << std::endl;
engine_type engine(dc, graph, exec_type, clopts);

// 向引擎添加错误报告
const bool success = engine.add_edge_aggregator<error_
aggregator>
    ("error", error_aggregator::map, error_
aggregator::finalize) &&
    engine.aggregate_periodic("error", interval);
ASSERT_TRUE(success);


// 向所有左侧顶点发送信号(libersgd)
engine.map_reduce_vertices<graphlab::empty>(sgd_vertex_
program::signal_left);
```

```
        info = graph.map_reduce_edges<stats_info>(count_edges);
         dc.cout()<<"Training edges: " << info.training_edges <<
" validation edges: " << info.validation_edges << std::endl;


        // 运行网页排名-------------------------------------
        dc.cout() << "Running SGD" << std::endl;
        dc.cout() << "(C) Code by Danny Bickson, CMU "
➥ << std::endl;
        dc.cout() << "Please send bug reports to danny.bickson@
➥ gmail.com" << std::endl;
        dc.cout() << "Time     Training     Validation" <<std::endl;
        dc.cout() << "          RMSE        RMSE " <<std::endl;
        timer.start();
        engine.start();

        const double runtime = timer.current_time();
        dc.cout() << "-------------------------------------------"
          << std::endl
          << "Final Runtime (seconds):    " << runtime
                                        << std::endl
                                        << "Updates executed:
➥ " << engine.num_updates() << std::endl
                                        << "Update Rate
➥ (updates/second): "
                                        << engine.num_
➥ updates() / runtime << std::endl;

        // 计算最终训练错误--------------------------------
        dc.cout() << "Final error: " << std::endl;
        engine.aggregate_now("error");

        // 做出预测 -------------------------------------------
        if(!predictions.empty()) {
          std::cout << "Saving predictions" << std::endl;
          const bool gzip_output = false;
          const bool save_vertices = false;
          const bool save_edges = true;
          const size_t threads_per_machine = 1;
          // 保存预测
          graph.save(predictions, prediction_saver(),
              gzip_output, save_vertices,
              save_edges, threads_per_machine);
          // 保存线性模型
          graph.save(predictions + ".U", linear_model_saver_U(),
              gzip_output, save_edges, save_vertices, threads_
➥ per_machine);
```

```
        graph.save(predictions + ".V", linear_model_saver_V(),
            gzip_output, save_edges, save_vertices, threads_
➡ per_machine);

    }



    graphlab::mpi_tools::finalize();
    return EXIT_SUCCESS;
} // main函数结束
```